职业教育一体化系列教材

机床电气线路安装与维修工作页

（任务驱动模式）

主　编　杨杰忠　潘协龙
副主编　邹火军　李仁芝　潘　鑫
参　编　陈毓惠　吴云艳　孔　华　覃　斌
黄　波　姚天晓　周立刚　赵月辉
黄　标　姚　坚　莫扬平　覃光锋
覃健强　卢德山　韦　奕　吴　昭
主　审　屈远增

電子工業出版社
Publishing House of Electronics Industry
北京 · BEIJING

内 容 简 介

本书以任务驱动教学法为主线，以应用为目的，以具体的任务为载体，主要内容包括三相笼型异步电动机的拆装与维护、立式钻床电气控制线路的安装与调试、减压启动器的安装、CA6140 型车床电气控制线路的安装与调试、CA6140 型车床电气控制线路的检修、M7120 型平面磨床电气控制线路的安装与调试、M7120 型平面磨床电气控制线路的检修、Z3050 型摇臂钻床电气控制线路的安装与调试和 Z3050 型摇臂钻床电气控制线路的检修九个学习任务。

本书可作为技工院校、职业院校及成人高等院校、民办高校的电气运行与控制专业、电气自动化专业、机电一体化、机电技术应用等专业的教材。

图书在版编目 (CIP) 数据

机床电气线路安装与维修工作页 / 杨杰忠，潘协龙主编．—北京：电子工业出版社，2016.5
ISBN 978-7-121-28590-5

I．①机… II．①杨… ②潘… III．①机床－电气设备－设备安装－职业教育－教材②机床－电气设备维修－职业教育－教材 IV．①TG502.34

中国版本图书馆 CIP 数据核字（2016）第 078885 号

策划编辑：张 凌
责任编辑：靳 平
印 刷：北京捷迅佳彩印刷有限公司
装 订：北京捷迅佳彩印刷有限公司
出版发行：电子工业出版社
北京市海淀区万寿路 173 信箱 邮编：100036
开 本：787×1 092 1/16 印张：8.75 字数：220.8 千字
版 次：2016 年 5 月第 1 版
印 次：2023 年 7 月第 6 次印刷
定 价：21.00 元

职业教育一体化系列教材
编审委员会

序　言

加速转变生产方式、调整产业结构将是我国国民经济和社会发展的重中之重。而要完成这种转变和调整，就必须有一大批高素质的技能型人才作为坚实的后盾。根据《国家中长期人才发展规划纲要（2010—2020 年）》的要求，至 2020 年，我国高技能人才占技能劳动者的比例将由 2008 年的 24.4%上升到 28%（目前一些经济发达国家的这个比例已达 40%）。可以预见，作为高技能人才培养重要组成部分的高级技工教育，在未来的 10 年必将会迎来一个高速发展的黄金期。近几年来，各职业院校都在积极开展高级工培养的试点工作，并取得了较好的效果。但由于起步较晚，课程体系、教学模式都还有待完善和提高，教材建设也相对滞后，至今还没有一套适合高级技工教育快速发展需要的成体系、高质量的教材。即使一些专业（工种）有高级技工教材，也不是很完善，或是内容陈旧、实用性不强，或是形式单一、无法突出高技能人才培养的特色，更没有形成合理的体系。因此，开发一套体系完整、特色鲜明、适合理论实践一体化教学、反映企业最新技术与工艺的高级技工教材，就成为高级技工教育亟待解决的课题。

鉴于高级技工短缺的现状，广西机电技师学院从 2012 年 6 月开始，组织相关人员采用走访、问卷调查、座谈会等方式在全国具有代表性的机电行业企业、部分省市的职业院校进行了调研，在企业对高级技工的知识、技能要求，学校高级技工教育现状、教学和课程改革情况，以及对教材的需求等方面都有了比较清晰的认识。在此基础上，广西机电技师学院紧紧依托行业优势，以为企业输送满足其岗位需求的合格人才为最终目标，组织了行业和技能教育方面的专家对编写内容、编写模式等进行了深入探讨，形成了本系列教材的编写框架。

本系列教材的编写指导思想明确，坚持以达到国家职业技能鉴定标准和就业能力为目标，以专业（工种）的工作内容为主线，以工作任务为引领，由浅入深，循序渐进，精简理论，突出核心技能与实操能力，使理论与实践融为一体，充分体现“教”、“学”、“做”合一的教学思想，致力于构建符合当前教学改革方向的，以培养应用型、技术型和创新型人才为目标的教材体系。

本系列教材重点突出以下三个特色。

一是“新”字当头，即体系新、模式新、内容新。体系新是指把教材以学科体系为主转变为以专业技术体系为主；模式新是指把教材传统章节模式转变为以工作过程的项目任务为主；内容新是指教材充分反映了新材料、新工艺、新技术、新方法的“四新”知识。

二是注重科学性。教材从体系、模式到内容符合教学规律，符合国内外制造技术水平的实际情况。在具体任务和实例的选取上，突出先进性、实用性和典型性，便于组织教学，以提高学生的学习效率。

三是体现普适性。由于当前高级技工生源既有中职毕业生，又有高中生，各自学制也不同，还要考虑到在职员工，教材内容安排上尽量照顾到不同的求学者，使适用面比较广泛。

此外，本系列教材还配备了电子教学数字化资源库，以及相应的工作页、习题集、实习教程和现场操作视频等，初步实现教材的立体化。

我相信本系列教材的出版，对深化职业技术教育改革，提高高级技工培养的质量，都会起到积极的作用。在此，我谨向各位作者和为这套教材付出努力的学者及单位表示衷心的感谢。

广西机电技师学院院长

广西机械高级技工学校校长

何春林

前　言

随着加快转变经济发展方式、推进经济结构调整及大力发展高端制造产业等新兴战略性产业，迫切需要加快培养一大批具有精湛技能和高超技艺的技能人才。为了遵循技能人才成长规律，切实提高培养质量，进一步发挥技工院校和职业院校在技能人才培养中的基础作用，从2009年开始，我校作为首批人力资源和社会保障部一体化课程教学改革试点学校，启动了一体化课程教学改革的试点工作，推进以职业活动为导向，以企业合作为基础，以综合职业能力培养为核心，理论教学与技能操作融合贯通的一体化课程教学改革。特别是作为国家中等职业教育改革发展示范学校建设以来，这项改革试点将传统的以学历为基础的职业教育转变为以职业技能为基础的职业能力教育，促进了职业教育从知识教育向能力培养转变，努力实现"教、学、做"融为一体，并收到了积极效果。改革试点得到了学校师生和用人单位的充分认可，普遍反映一体化课程教学改革是技工院校和职业院校的一次"教学革命"，学生的学习热情、教学组织形式、教学手段和学生的综合素质都发生了根本性变化。试点的成果表明，一体化课程教学改革是转变技能人才培养模式的重要抓手，是推动技工院校和中职院校改革发展的重要举措。

教学改革的成果最终要以教材（学材）为载体进行体现和传播。根据人力资源和社会保障部、教育部推进一体化课程教学改革的要求，我校组织一体化课程专家、企业专家、企业能工巧匠兼职教师、专业骨干教师，用了三年的时间，组织实施了一体化课程教学改革试点，并将试点中形成的课程成果进行了整理、提炼，汇编成"工作页"教材（学材）。这套教材（学材）不仅在形式上打破了传统教材的编写模式，而且在内容上突破了传统教材的结构体例。这套教材及配套资料的出版，不仅是本次一体化课程教学改革试点工作的阶段性总结，也是一体化课程教学改革不断深化和全面推广的一个起点。希望本套教材的出版能进一步推动技工院校和中职院校的教学改革，促进内涵发展，提升办学质量，为加快培养合格的技能人才做出更大贡献！

由于编者水平有限，书中若有错漏和不妥之处，恳请读者批评指正。

编　者

目　　录

学习任务1 三相笼型异步电动机的拆装与维护

学习目标

1. 能通过阅读设备维护（保养）记录单和现场勘查，明确工作任务要求。
2. 能正确识读电动机的铭牌数据。
3. 能根据任务要求和实际情况，合理制定工作计划。
4. 能正确使用拆装工具拆装电动机。
5. 能正确完成电动机的日常维护保养工作。
6. 能正确完成通电试车。

建议课时：80课时

工作场景描述

某工厂工具车间的部分电气设备运行周期已满，其电动机需要进行维护、保养，维修电工班接到设备维护（保养）记录单后，按要求完成相关工作。

工作流程与活动

1. 明确工作任务。
2. 施工前的准备。
3. 现场施工。
4. 工作总结与评价。

学习活动1 明确工作任务

学习目标

1. 能通过阅读设备维护（保养）记录单，明确工作任务、工时等要求。

2. 能准确记录工作现场的环境条件。
3. 能正确识读电动机的铭牌数据。

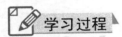

建议课时：8 课时

学习过程

一、阅读设备维护（保养）记录单

阅读设备维护（保养）记录单，说出本次任务的工作内容、时间要求等基本信息，如表 1-1 所示。

表 1-1　设备维护（保养）记录单

编号：HSE114-B03

设备名称	普通车床	使用单位	车工车间	检修时间	
设备型号	CA6140	检修单位		完工时间	
设备编号	1～8 号	检修类别	电动机维护	检查负责人	

序号	维修（保养）项目	维修（保养）结果	备　注
1	进行抽心检查、清扫或清洗污垢		
2	检查电动机的通风情况		
3	检查零部件生锈和腐蚀情况，检查轴承磨损情况		
4	检查绝缘电阻，进行干燥处理		
5	检查和更换润滑油		

二、认识电动机外观，勘查施工现场

（1）参照以往课程所学内容，勘查电动机安装施工现场的基本情况（包括安装位置、尺寸、与其他设备的连接情况等），做好记录。

（2）在教师指导下，观察电动机外观，并进行初步检查处理，包括擦拭电动机外壳，检查固定螺栓是否固定牢固、外观有无明显异常、部件有无松动等，将异常现象做好记录。

（3）铭牌上注明了一台电气设备的主要技术数据，是选择、安装、使用和维修的重要依据。图 1-1 即为一台实际电动机设备的铭牌示例。观察实训场地电动机设备的铭牌，将主要数据记录下来，并简要说明其含义，如图 1-1 所示。

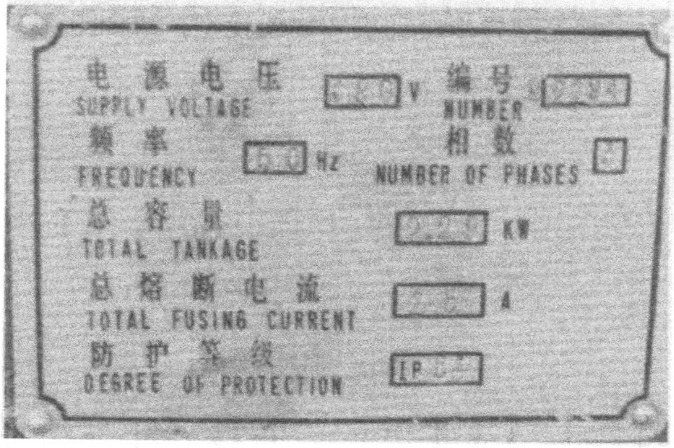

图 1-1　电动机设备的铭牌示例

表 1-2　铭牌数据及含义

项目名称	内　容	含　义
电源电压		
频率		
总容量		
总熔断电路		
防护等级		
编号		
相数		

学习活动 2　施工前的准备

学习目标

1．能正确描述三相笼型异步电动机的基本结构。
2．能正确描述电动机拆装、维护常用仪表的使用方法。
3．能根据任务要求和实际情况，合理制订工作计划。

建议课时：22 课时

学习过程

一、认识三相笼型异步电动机的基本结构

（1）观察教师展示的三相笼型异步电动机实物或模型，结合图 1-2 中的图片，将各部分结构的名称补充完整。

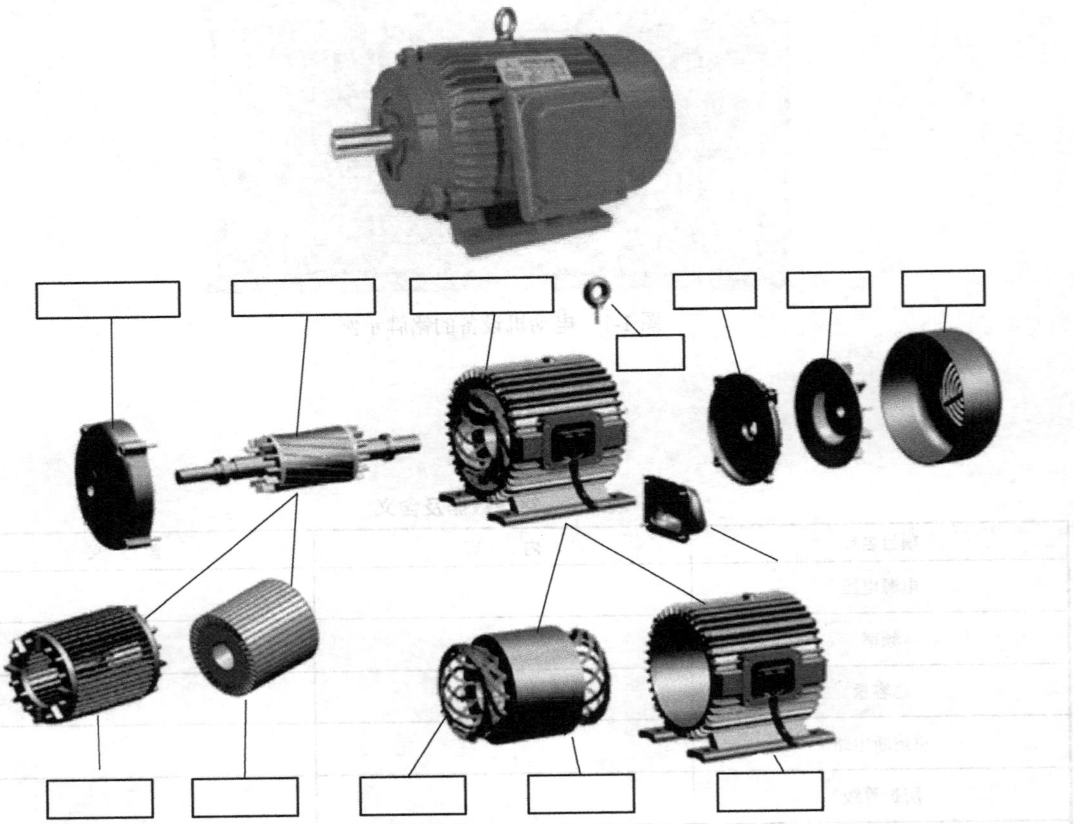

图 1-2　三相笼型异步电动机的结构

（2）通过观察电动机实物或模型可以发现，电动机定子绕组的接线通常有星形和三角形两种不同的接法。查阅相关资料，了解两种接法的特点，将图 1-3、图 1-4 中的接线补充完整，并回答问题。

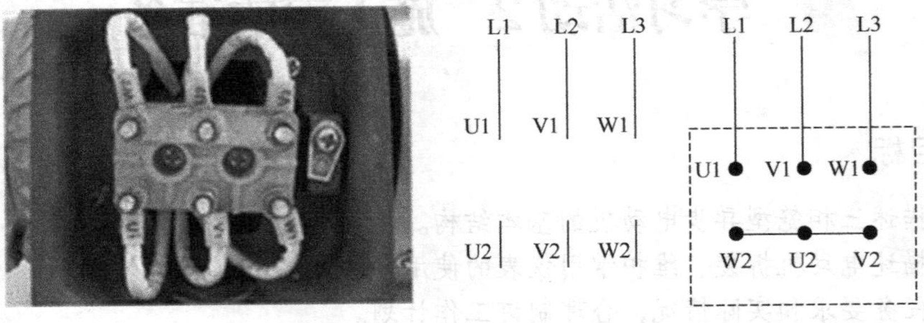

图 1-3　定子绕组的星形接法

图 1-3 为定子绕组的星形接法，此时每相绕组的电压是线电压的______倍。

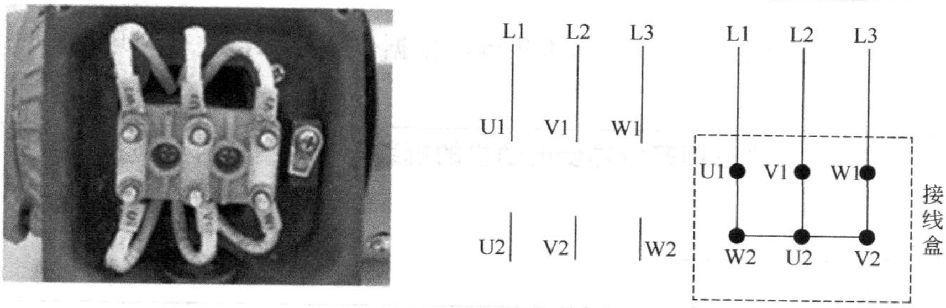

图 1-4　定子绕组的三角形接法

图 1-4 为定子绕组的三角形接法，此时每相绕组的电压是线电压的______倍。

（3）结合以前所学知识，查阅相关资料，说明若要改变电动机的旋转方向应如何操作。

二、认识常用仪表

在电动机的维护工作中，除了前面课程中使用过的万用表等电工常用仪表，还会用到钳形电流表、兆欧表（又称绝缘摇表）、转速表等。查阅相关资料，了解它们的特点和用法，将表 1-3 补充完整。

表 1-3　常用仪表

		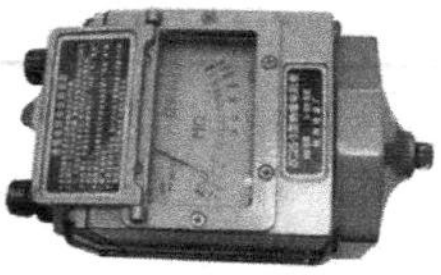	
用途			
选用原则			
用前检查要点			
选择挡位方法			
测量方法			
使用注意事项			

三、制订工作计划

查阅相关资料，了解任务实施的基本步骤，根据任务要求，结合现场勘查的实际情况，制订小组工作计划。

“三相笼型异步电动机的拆装与维护”工作计划

一、人员分工

1. 小组负责：________________

2. 小组成员及分工

姓　名	分　工

二、工具及材料清单

序　号	工具或材料名称	单　位	数　量	备　注

三、工序及工期安排

序　号	工作内容	完成时间	备　注

四、安全防护措施

四、评价

以小组为单位，展示本组制订的工作计划。然后在教师点评基础上对工作计划进行修改完善，并根据以下评分标准进行评分。

表 1-4 测评表

评价内容	分值	评分		
		自我评价	小组评价	教师评价
计划制订是否有条理	10			
计划是否全面、完善	10			
人员分工是否合理	10			
任务要求是否明确	20			
工具清单是否正确、完整	20			
材料清单是否正确、完整	20			
团结协作	10			
合计				

学习活动 3 现场施工

学习目标

1. 能正确使用拆装工具拆卸、安装电动机。
2. 能正确完成电动机的日常维护保养工作。
3. 能正确完成通电试车。

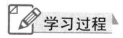

建议课时：46 课时

学习过程

一、三相异步电动机的拆卸

(1) 查阅有关资料，学习相关的操作方法，按照以下步骤完成拆卸练习，并回答相关问题，如表 1-5 所示。

三相异步电动机拆卸的基本步骤：切断电源→做有关标记→拆卸带轮→拆卸联轴器→拆卸风扇罩→拆卸风扇→拆卸后端盖螺钉→拆卸前端盖→抽出转子→拆卸轴承。

表 1-5 三相异步电动机的拆卸

步序	操作步骤	技术要点提示	操作记录及体会
1	断开电源，拆卸电动机与电源线的连接线，并对电源线头做好绝缘处理	复习前面课程所学内容，对导线进行绝缘处理时有哪些注意事项	

续表

步序	操作步骤	技术要点提示	操作记录及体会
2	在带轮或联轴器的轴伸端做好定位标记，测带并记录联轴器或带轮与轴台间的距离 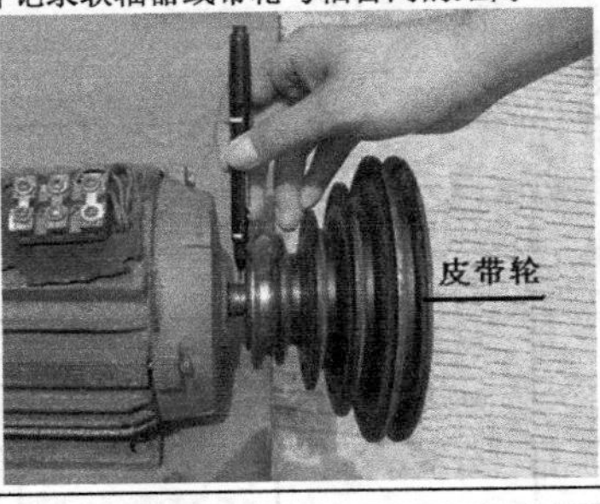	（1）在带轮或联轴器的轴伸端做定位标记的目的是什么？ （2）联轴器或带轮与轴台间的距离为________	
3	拆卸带轮或联轴器 	此过程中不能用木锤直接敲出带轮或联轴器，否则会造成什么不良后果	
4	拆卸楔键 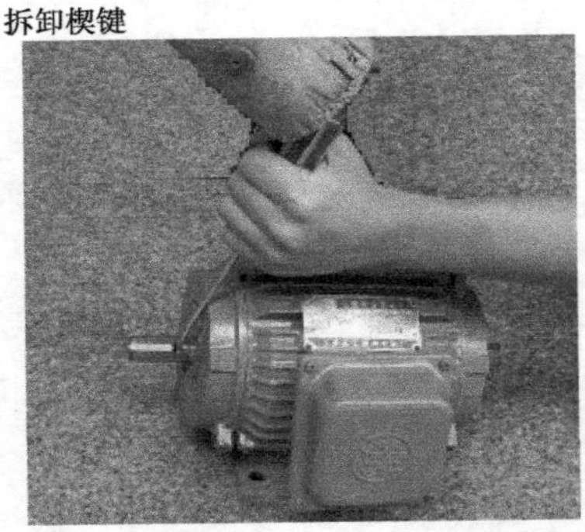	拆卸楔键时应注意什么问题	
5	拆卸风罩和风叶 	小型异步电动机的风叶一般不用卸下，可随转子一起抽出。但如果后端盖内的轴承需要加油或更换时，就必须拆卸。 （1）拆卸风扇的定位卡簧要用专用的卡簧钳。查阅相关资料，说明常用的卡簧钳有哪些类型，这里应如何选用 （2）如果风扇卸不下来应该怎么办	

续表

步序	操作步骤	技术要点提示	操作记录及体会
6	拆卸端盖螺钉  	操作时注意选择适当扳手，逐步拧松端盖对角紧固螺栓，用紫铜棒均匀敲打端盖有脐的部分。查阅相关资料，说明扳手应该如何选择	
7	拆卸后端盖 	（1）抽出转子时应该注意什么 （2）抽出转子后应该如何放置转子	
8	拆卸前端盖 	拆卸前端盖应如何操作	

续表

步序	操作步骤	技术要点提示	操作记录及体会
9	取下后端盖 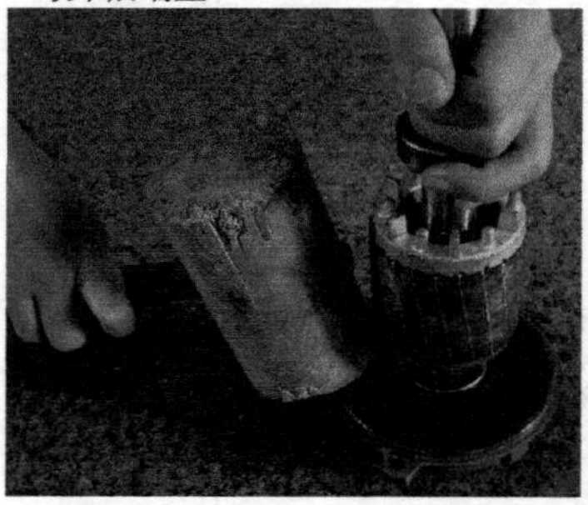	取下后端盖操作时应该注意什么问题	
10	拆卸轴承 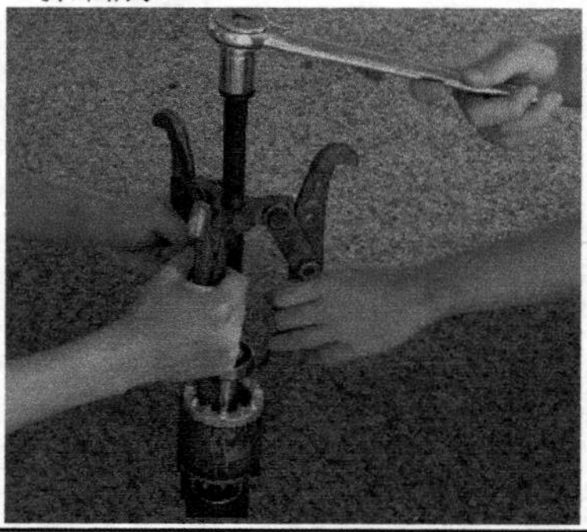	拆卸电动机轴承的操作应该注意哪些问题	

（2）在拆卸过程中还遇到了哪些问题，是如何处理的，记录在表 1-6 中。

表 1-6　拆卸过程的问题及解决方法

所遇到的问题	解决方法

二、电动机的保养及检查

电动机保养及检查的主要内容有如下。

（1）清扫或清洗污垢，以防止灰尘、污垢、潮湿空气及其他有害气体进入电动机破坏绕组绝缘。将电动机进行抽心检查，彻底清扫检修。

（2）检查电动机的通风情况。保证散热筋凹道、风扇罩通风孔不能堵塞，进出风口通畅。

（3）检查零部件生锈和腐蚀情况。注意电动机的配合状态，以及轴颈、轴承等的磨损情况，必要时进行更换。

（4）检查电动机的绝缘情况。对于低压电动机，如果测得绝缘电阻小于 0.5MΩ应及时进行干燥处理。

（5）注意电动机转动是否正常，有无异常的声响和震动。检查和更换润滑剂。

由此可见，电动机的保养与检查涉及铁芯、轴承、风扇等多个零部件的检查处理，以及绝缘电阻的测量等工作。查阅资料，学习相关的操作方法，回答以下问题。

（1）轴承的检查、清洗和装配。

① 手动检查轴承时如何判断轴承的好坏？

② 如何清洗轴承？

③ 如何用塞尺检查滑动轴承轴颈与衬套之间的间隙？

④ 重新装入轴承前，应先加入润滑油。轴承加油应注意哪些问题？

（2）铁芯检修时应该注意哪些问题？

（3）如何修理风扇叶？

（4）为什么要定期对电动机进行绝缘电阻、接地电阻的检测？实测电动机的绝缘电阻和接地电阻分别是多少？

（5）哪些情况易引起电动机温度过高？

（6）电动机一般应多久进行一次维护保养？

（7）根据保养工作的实际实施情况，将学习活动 1 中的记录单填写完整。

（8）除了本任务涉及的项目，电动机进行维护检查的项目还有很多。查阅相关资料，将表 1-7 补全。

表 1-7　电动机的检查

检查周期	检查项目
日常检查	（1）全面外观检查，并记录 （2） （3） （4）
每月或定期巡回检查	（1） （2） （3） （4） （5） （6） （7）绝缘电阻情况
每年检查	

三、三相异步电动机的装配

（1）查阅有关资料，学习相关的操作方法，按照以下步骤完成装配练习，并回答相关问题，如表 1-8 所示。

三相异步电动机装配的基本步骤：备件→安装轴承安→装前端盖在→转子上安装后端盖→装人转子→安装后端盖→安装风扇→安装带轮或联轴器→检查。

表 1-8　三相异步电动机的装配

步骤	操作步骤	技术要点提示	操作记录及体会
1	将检修、保养好的所有零部件放置在清洁的装配地点	应注意，所有零部件应清洁干净，各接触面不得有灰尘、杂质，绕组、转子不得沾有油污，风道及定子不能残留杂物	
2	安装轴承 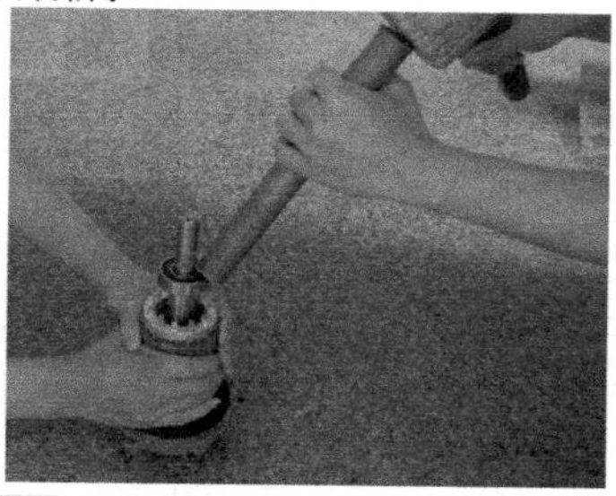	安装轴承常用的方法有哪些？左图所示的是哪种安装轴承的方法？操作时有哪些注意事项	
3	在转子上安装后端盖 	安装时应注意要用木锤均匀敲打后端盖四周，为什么	
4	装入转子 	安装转子时应该注意哪些问题	

续表

步骤	操作步骤	技术要点提示	操作记录及体会
5	安装后端盖 	用木锤小心敲打后端盖三个耳朵，使螺孔对准标记，并用螺栓固定后端盖	
6	安装前端盖 	用术锤均匀敲打前端盖四周，并调整至对准标记。想一想，为什么要先安装前端盖	
7	安装风扇 	用木锤敲打风扇，用弹簧卡钳安装卡簧	
8	安装皮带或联轴器 	联轴器在安装时应该注意哪些问题	
9	检查转子是否安装良好	电动机装配好后，紧固好前后端盖螺栓。完成后，应该如何检查转子是否安装良好	

（2）在装配过程中还遇到了哪些问题？是如何处理的？记录在表 1-9 中。

表 1-9　装配过程的问题及解决方法

所遇到的问题	解决方法

四、通电试车

（1）调试前应进一步检查电动机的装配质量。查阅相关资料，列举一下主要需要检查哪些方面。

（2）用兆欧表测量电动机绕组之间和绕组与地之间的绝缘电阻，应符合技术要求。实测值为多少？理论值为多少？记录在表 1-10 中。

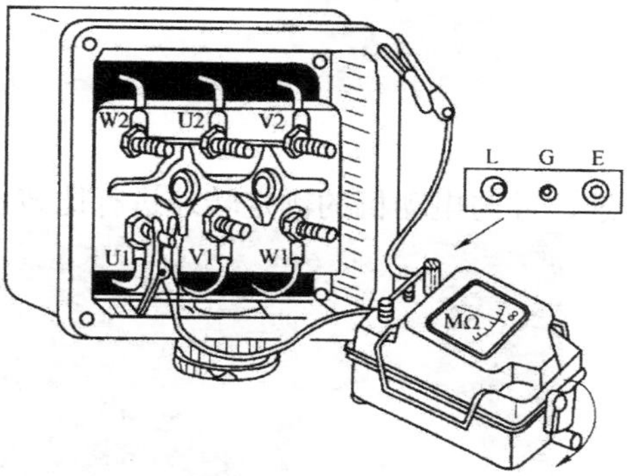

表 1-10 电动机绝缘电阻的测量 单位：MΩ

对地绝缘电阻	U 相	V 相	W 相
相间绝缘电阻	U 相与 V 相之间	U 相与 W 相之间	V 相与 W 相之间

（3）根据电动机的铭牌数据（如电压、电流和接线方式等）进行接线。为了安全，一定要将电动机的接地线接好、接牢。三相电动机涉及多根线缆的连接，一旦接错，就可能造成事故。查阅相关资料，完成表 1-11。

表 1-11 电动机的接线

步骤	操作目的	方法步骤
第一步	分相	具体步骤：
第二步	首尾端判别	方法一具体步骤：
		方法二具体步骤：
		方法三具体步骤：

（4）测量电动机的空载电流。

空载时，测量三相空载电流是否平衡，将测量结果记录下来。注意测量的同时要观察电动机是否有杂声、震动及其他较大噪声，如果有应立即停车进行检修。

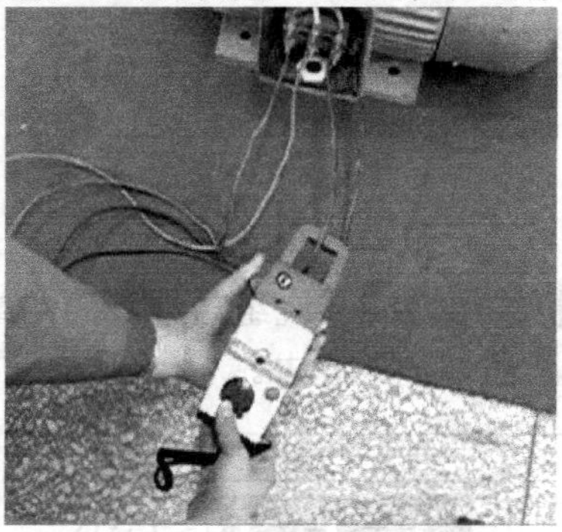

（5）测量电动机转速。

用转速表测量电动机转速，并与电动机的额定转速进行比较，将结果记录下来。

（6）电动机经测试符合要求后恢复运行，交付使用。

（7）在试车过程中遇到了哪些问题，是如何解决的？在表 1-12 中记录下来。

表 1-12　故障分析、检修记录表

故障现象	故障原因	处理方法

（8）表 1-13 中所列是电动机常见的一些故障现象及其原因。查阅相关资料，写出对应的处理方法。

表 1-13　故障现象、原因及其处理方法

故障现象	故障原因	处理方法
电动机不能启动	绕组断路、短路	
	过电流继电器（热继电器）整定值过小	
电动机接入电源后熔丝被烧断或自动空气开关跳闸	电动机缺相运行	
	电动机负载过大或机械部分卡住	

续表

故障现象	故障原因	处理方法
电动机通电后不启动，并“嗡嗡”响	绕组引出线始末端接错或绕组内部接反	
	小型电动机的润滑脂过硬、变质或轴承装配过紧	
电动机空载或负载时，电流表指针不稳、摆动	笼型转子的笼条开焊、断条	
电动机启动困难、加额定负载后，电动机的转速比额定转速低	电动机绕组三角形联结误接成星形联结	
绝缘电阻低	绕组绝缘沾满粉尘、油垢	
	绕组绝缘老化	
电动机空载运行时电流不平衡，相差很大	三相绕组匝数分配不均匀	
	电源电压不平衡	
	绕组接头有局部虚接或断线处	
三相空载电流平衡，但均大于正常值	星形联结错接为三角形联结	
	气隙不均或增大	
	电网频率降低或所需电源频率为 60 Hz 的电动机使用在频率为 50 Hz 电源上	
电动机过热或冒烟	定、转子铁芯相擦	
	电动机过载或拖动的机械设备阻力过大	
	笼型转子断条，电动机在额定负载下转子发热使温升过高	

五、项目验收

（1）在验收阶段，各小组派出代表进行交叉验收，并填写详细验收记录表，如表 1-14 所示。

表 1-14 验收过程问题记录表

验收问题	整改措施	完成时间	备 注

（2）以小组为单位认真填写三相笼型异步电动机拆装维护任务验收报告，如表 1-15 所示，并将学习活动 1 中的设备维护（保养）记录单填写完整。

表 1-15 三相笼型异步电动机拆装维护任务验收报告

工程项目名称			
建设单位		联系人	
地址		电话	
施工单位		联系人	
地址		电话	
项目负责人		施工周期	

续表

工程概况				
现存问题		完成时间		
改进措施				
验收结果	主观评价	客观测试	施工质量	材料移交

六、评价

以小组为单位，展示本组安装成果。根据表 1-16 中的评分标准进行评分。

表 1-16　任务测评表

评分内容		分值	评分		
			自我评分	小组评分	教师评分
拆卸	工具、仪器及材料准备正确、完整	25			
	电动机电源电缆头拆除及电动机外壳保护接地工艺正确，安全措施到位				
	拆卸方法和步骤正确				
	拆卸方法和步骤正确				
	绕组、零部件无损伤				
	装配标记清楚				
保养及检查	正确进行抽心检查，污垢清扫或清洗干净	20			
	正确检查电动机的通风情况并解决问题				
	正确检查零部件生锈、腐蚀情况和轴承磨损情况并解决问题				
	正确检查绝缘电阻，正确进行干燥处理				
	润滑剂添加适量				
装配	装配步骤和方法正确	25			
	施工中绕组、零部件完好无损伤				
	紧固螺栓固定牢固				
	装配后转动灵活				
试车	正确测量电动机绝缘电阻	20			
	接线正确、熟练				
	电动机外壳正确接地				
	电动机的电流、转速测量准确熟练				
安全文明生产	遵守安全文明生产规程	10			
	施工完成后认真清理现场				
施工额定用时______；实际用时______；超时扣分______					
合　计					

学习活动 4　工作总结与评价

学习目标

1. 能以小组形式，对学习过程和实训成果进行汇报总结。
2. 完成对学习过程的综合评价。

建议课时：4 课时

学习过程

一、工作总结

以小组为单位，选择演示文稿、展板、海报、录像等形式中的一种或几种，向全班展示、汇报学习成果。

二、综合评价（见表 1-17）

表 1-17　综合评价表

评价项目	评价内容	评价标准	评价方式		
			自我评价	小组评价	教师评价
职业素养	安全意识、责任意识	A. 作风严谨、自觉遵章守纪、出色地完成工作任务 B. 能够遵守规章制度、较好地完成工作任务 C. 遵守规章制度、没完成工作任务，或虽完成工作任务但未严格遵守或忽视规章制度 D. 不遵守规章制度，没完成工作任务			
	学习态度主动	A. 积极参与教学活动，全勤 B. 缺勤达本任务总学时的 10% C. 缺勤达本任务总学时的 20% D. 缺勤达本任务总学时的 30%			
	团队合作意识	A. 与同学协作融洽、团队合作意识强 B. 与同学沟通、协同工作能力较强 C. 与同学沟通、协同工作能力一般 D. 与同学沟通困难、协同工作能力较差			
专业能力	学习活动 1 明确工作任务	A. 按时、完整地完成工作页，问题回答正确，数据记录、图纸绘制准确 B. 按时、完整地完成工作页，问题回答基本正确，数据记录、图纸绘制基本准确 C. 未能按时完成工作页，或内容遗漏、错误较多 D. 未完成工作页			
	学习活动 2 施工前的准备	A. 学习活动评价成绩为 90～100 分 B. 学习活动评价成绩为 75～89 分 C. 学习活动评价成绩为 60～74 分 D. 学习活动评价成绩为 0～59 分			

续表

评价项目	评价内容	评价标准	评价方式		
			自我评价	小组评价	教师评价
专业能力	学习活动3 现场施工	A．学习活动评价成绩为90～100分 B．学习活动评价成绩为75～89分 C．学习活动评价成绩为60～74分 D．学习活动评价成绩为0～59分			
创新能力		学习过程中提出具有创新性、可行性的建议	加分奖励：		
学生姓名		综合评定等级			
指导教师		日　期			

三、综合评价成绩计算说明

综合评价等级可根据自我评价、小组评价、教师评价及加分奖励所得成绩，参考以下方式计算：

A——自我评价总分+小组评价总分+教师评价总分+加分奖励≥90

B——自我评价总分+小组评价总分+教师评价总分+加分奖励≥75

C——自我评价总分+小组评价总分+教师评价总分+加分奖励＞60

D——自我评价总分+小组评价总分+教师评价总分+加分奖励＜60

其中：

$$自我评价总分=\frac{(nA+mB+xC+yD)}{n+m+x+y}\times 0.1$$

$$小组评价总分=\frac{(nA+mB+xC+yD)}{n+m+x+y}\times 0.2$$

$$教师评价总分=\frac{(nA+mB+xC+yD)}{n+m+x+y}\times 0.7$$

式中，$A=90$；$B=75$；$C=60$；$D=30$；n、m、x、y分别为评价表中A、B、C、D各等级的数量。

加分奖励为1～10分，由指导教师评定。

学习任务 2 立式钻床电气控制线路的安装与调试

学习目标

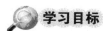

1. 能通过阅读工作任务联系单和现场勘查，明确工作任务要求。

2. 能正确描述立式钻床的结构、作用和运动形式，认识相关低压电器的外观、结构、用途、型号、应用场合等。

3. 能正确识读电气原理图，正确绘制安装图、接线图，明确控制器件的动作过程和控制原理。

4. 能按图样、工艺要求、安全规范等正确安装元器件、完成接线。

5. 能正确使用仪表检测电路安装的正确性，按照安全操作规程完成通电试车。

6. 能正确标注有关控制功能的铭牌标签，施工后能按照管理规定清理施工现场。

建议课时：80 课时

工作场景描述

为了满足实训需要，学校要为实训楼的 10 个实训室各配置立式钻床台，机加工车间有闲置钻床，但电气控制部分严重老化无法正常工作，须进行重新安装，电工班接受此任务，要求在规定期限完成安装、调试，并交有关人员验收。

工作流程与活动

1. 明确工作任务。
2. 施工前的准备。
3. 现场施工。
4. 工作总结与评价。

学习活动 1　明确工作任务

学习目标

1. 能通过阅读工作任务联系单，明确工作内容、工时等要求。
2. 能描述立式钻床的结构、作用、运动形式及各个元器件所在位置和作用。

建议课时：8 课时

学习过程

一、阅读工作任务联系单

如表 2-1 所示，阅读工作任务联系单，说出本次任务的工作内容、时间要求及交接工作的相关负责人等信息，并根据实际情况补充完整。

表 2-1　工作任务联系单

报修部门	校办公室	工段		报修时间	4 月 5 日 16 时
设备名称	立式钻床	型号		设备编号	
报修人	王力		联系电话	23927754	
故障现象	立式钻床的电气控制部分严重老化无法正常工作				
故障排除记录					
备注	须进行重新安装				
维修时间			计划工时		
维修人			日期	年　月　日	
验收人			日期	年　月　日	

二、认识立式钻床

（1）如图 2-1 所示，钻床是主要用钻头在工件上加工孔（如钻孔、扩孔、铰孔、攻丝等）的机床，是机械制造和各种修配工厂必不可少的设备。根据钻床的工作需求，结合实地观察、教师讲解和资料查询，简要描述钻床的工作特点。

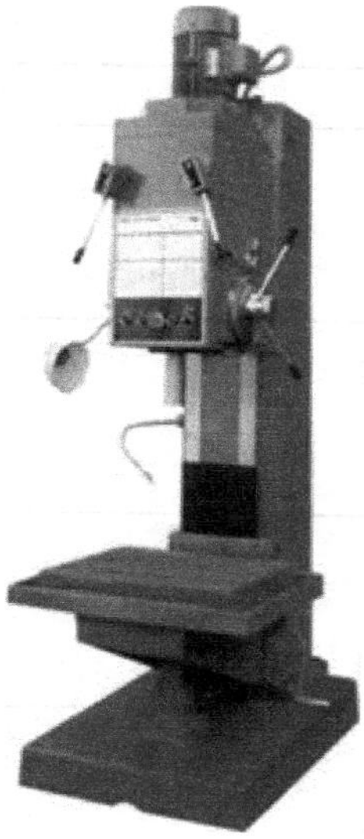

图 2-1 钻床

（2）常用的钻床有哪些类型？分别适用于哪些场合？

（3）识读设备铭牌，将机床设备的主要参数记录下来。

（4）立式钻床的主要电气控制部分都安装在其控制箱内。观察实训场地立式钻床的控制箱，在教师的讲解、指导下，认识各个元器件的名称。通过观察教师的演示和讲解，写出各个元器件的主要作用，如表 2-2 所示。

表 2-2 立式钻床元器件名称及其作用

元器件名称	作 用
电动机	
按钮	

续表

元器件名称	作　用
旋转开关	
低压空气断路器	
熔断器	
接触器	
端子排	
热继电器	
变压器	
照明灯	

（5）实测钻床电源开关、电气控制箱、按钮等的实际位置，画出元器件的位置草图。

（6）除了立式钻床，台式钻床也是一种较为常用的钻床设备。以小组为单位，通过查阅资料、互联网检索等方式，认识常见立式钻床、台式钻床的型号，并比较它们在应用场合和功能等方面的相同点和不同点。

学习活动 2　施工前的准备

学习目标

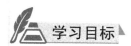

1．认识本任务所用低压电器，能描述它们的结构、用途、型号、应用场合。
2．能准确识读元器件符号。
3．能正确识读立式钻床电气原理图。
4．能正确绘制布置图和接线图。
5．能根据任务要求和实际情况，合理制订工作计划。

建议课时：44 课时

学习过程

一、认识元器件

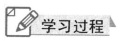

（1）通过对学习活动 1 的学习可以发现，立式钻床的控制电路是由许多个元器件组成的。这些元器件连接在一起，就实现了立式钻床的各项控制功能。这些元器件统称为低压电器，查阅相关资料，说明低压电器是如何定义的。

（2）表 2-3 中给出的是立式钻床中用到的各种低压电器，查阅相关资料，对照图片写出其名称、符号及功能。

表 2-3　立式钻床中用到的各种低压电器

实物照片	名　称	文字符号及图形符号	功能与用途

续表

实物照片	名　称	文字符号及图形符号	功能与用途

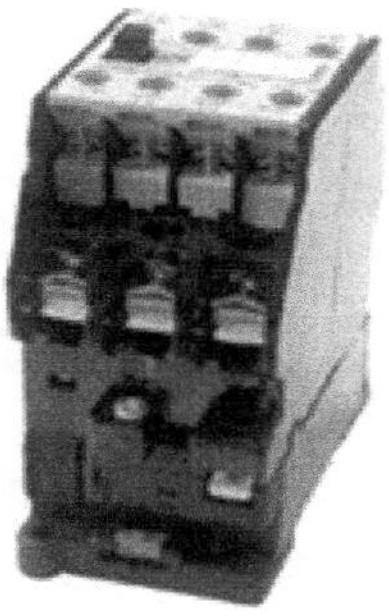			

（3）常用的低压熔断器有多种类型，查阅相关资料，列举常见的类型，并说明机床电气设备应选择哪一系列的熔断器进行短路保护。

（4）认真观察按钮，按钮由哪几部分组成？写出启动按钮、停止按钮和复合按钮功能上的区别及各自的图形符号。说明常开触点和常闭触点的含义及表示方法。

（5）查阅相关资料，画出接触器线圈、主触头、辅助常开触头和辅助常闭触头的图形符号，并说明它们分别应接在电气控制线路的哪部分中。

（6）选用接触器主要应考虑哪几个方面的因素？接入交流接触器线圈的电压过高或过低会造成什么后果？为什么？

（7）继电器与接触器有哪些相同点？有哪些区别？

（8）电机保护器是一种目前常用的保护器件，它与热继电器有什么区别？

二、识读电气原理图

（1）电气原理图又称电路图，是根据生产机械运动形式对电气控制系统的要求，采用国家统一规定的电气图形符号和文字符号，按照电气设备和电器的工作顺序排列，全面表示控制装置、电路的基本构成和连接关系而不考虑实际位置的一种图形。其作用是，便于操作者详细了解电气设备的用途、控制对象的工作原理，用以指导设备电气线路的安装、调试与维修工作，并为绘制接线图提供依据。在电气原理图中，元器件不画实际的外形图，而采用国家统一规定的电气符号表示。电气符号包括图形符号和文字符号。查阅相关资料，学习电气原理图识读、绘制的基本规则，回答以下问题。

① 电气原理图一般由哪几部分组成?

② 电气原理图中，如何区分有直接联系的交叉导线连接点和无直接联系的交叉导线连接点?

③ 电气原理图中，上方方框内的文字和下方方框内的数字分别表示什么含义?

（2）图 2-2 是个最简单的电动机点动控制线路的原理图，结合所学的电路图识读绘制知识，分析其工作原理，回答以下问题。

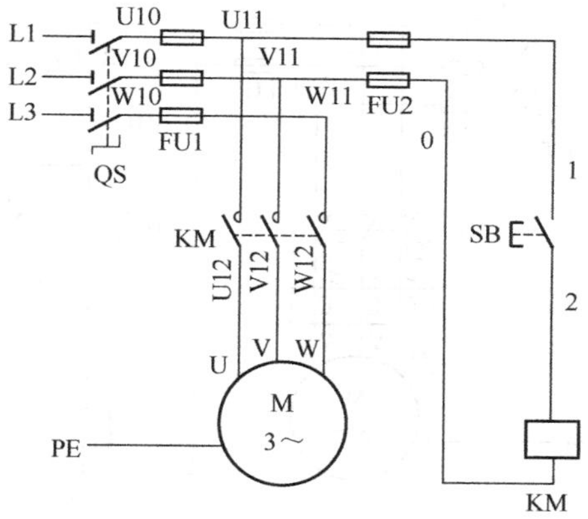

图 2-2 三相异步电动机点动正转控制线路

① 在图 2-2 中分别标出主电路、控制电路，并说明它们是如何布局的。

② 图 2-2 中有两处均标有 KM，分别表示什么?它们之间有什么关系?

③ 分析电路工作原理，简要描述它的控制功能。

④ FU1、FU2 起什么作用?保护范围有何区别?

（3）图 2-3 是个电动机单方向连续运行控制线路的原理图，电动机单方向连续运行是电气线路中最基本的控制方式之一，该电路较前一线路更复杂一些，识读电路图，回答以下问题。

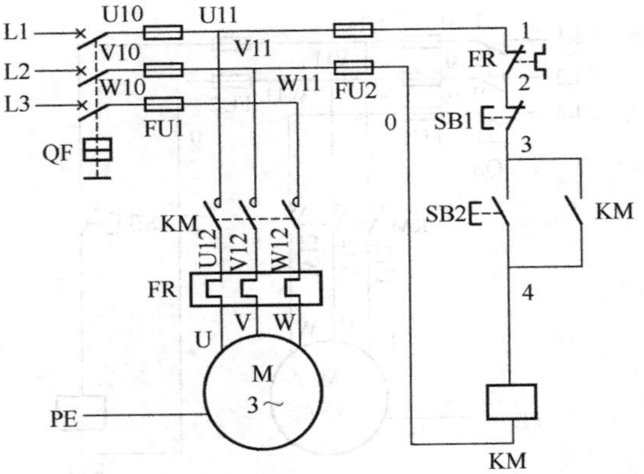

图 2-3　三相异步电动机接触器自锁控制线路

① 识读图 2-3 中各元器件的符号，将文字和图形符号抄录在下方，写出对应的元器件名称。

② 与 SB2 并联的热继电器 KM 起什么作用？简要描述线路的工作过程。

③ FR 在线路中起什么作用？如何实现？

（4）图 2-4 为立式钻床的电气控制线路原理图，识读电路图，回答以下问题。

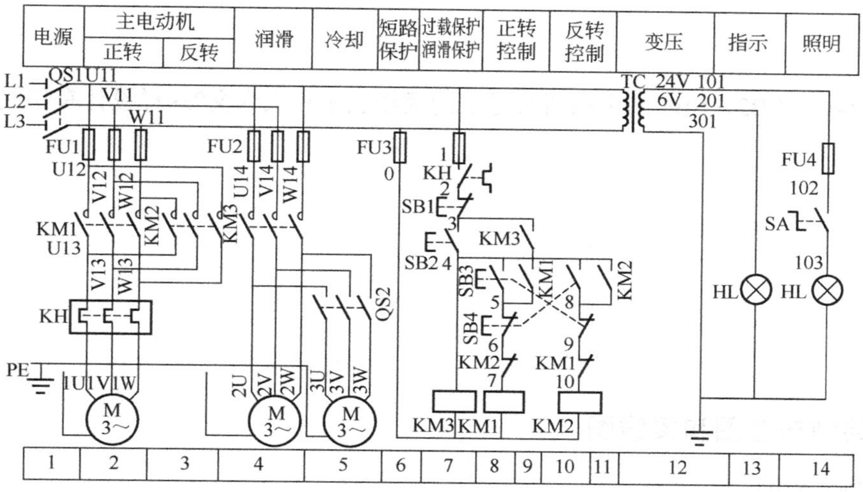

图 2-4　立式钻床电气控制原理图

① 对照原理图中的图形和文字符号写出各个部件的名称。

② 立式钻床主电动机的旋转方向是如何改变的？简要描述其工作过程。

③ KM1、KM2 线圈上方的 KM2、KM1 常闭触点起什么作用?如果没有它们，可能会造成什么后果?

④ 图 2-4 中 SB3、SB4 两个按钮符号上的虚线表示什么含义?这样设计有哪些优点?

三、绘制布置图和接线图

1．绘制布置图

布置图（又称电气元件位置图）主要用来表明电气系统中所有电气元件的实际位置，为生产机械电气控制设备的制造、安装提供必要的资料。一般情况下，布置图是与接线图组合在一起使用的，以便清晰地表示出所使用电气元件的实际安装位置。图 2-5 是学习活动 1 所示的立式钻床实际控制箱的布置图。

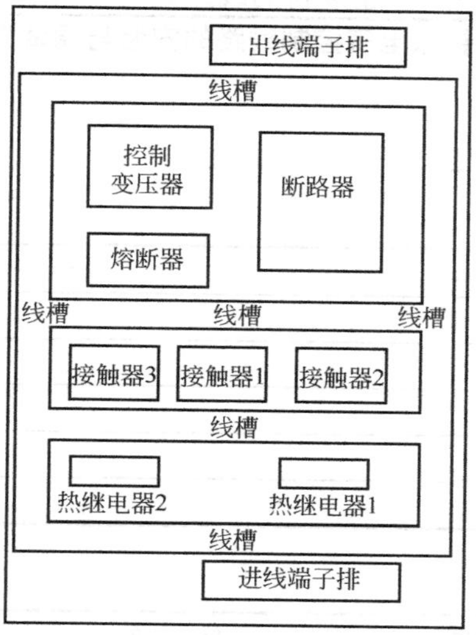

图 2-5　立式钻床电气控制布置图

查阅相关资料，学习布置图的绘制规则，根据立式钻床的实际情况，画出布置图。

2．绘制接线图

接线图用规定的图形符号按各电气元件相对位置进行绘制，表示各电气元件的相对位置和它们之间的电路连接状况。在绘制时，不但要画出控制柜内部各电气元件之间的连接方式，还要画出外部相关电气元件的连接方式。接线圈中的回路标号是电气设备之间、电气元件之间、导线与导线之间的连接标记，其文字符号和数字符号应与原理图中的标号一致。

查阅相关资料，学习接线图的绘制规则，画出控制线路的接线圈。

四、制订工作计划

查阅相关资料，了解任务实施的基本步骤，结合实际情况，制订小组工作计划。注意根据任务要求，应先拆除旧有线路，再连接新的线路。

“立式钻床电气控制线路的安装与调试”工作计划

一、人员分工

1. 小组负责：____________________

2. 小组成员及分工

姓　名	分　工

二、工具及材料清单

序　号	工具或材料名称	单　位	数　量	备　注

三、工序及工期安排

序　号	工作内容	完成时间	备　注

四、安全防护措施

五、评价

以小组为单位，展示本组制订的工作计划。然后在教师点评基础上对工作计划进行修改完善，并根据表 2-4 中的评分标准进行评分。

表 2-4 测评表

评价内容	分值	评分		
		自我评价	小组评价	教师评价
计划制订是否有条理	10			
计划是否全面、完善	10			
人员分工是否合理	10			
任务要求是否明确	20			
工具清单是否正确、完整	20			
材料清单是否正确、完整	20			
团结协作	10			
合计				

学习活动 3 现场施工

学习目标

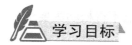

1．能正确安装立式钻床电气控制线路。
2．能正确使用万用表进行线路检测，完成通电试车，交付验收。
3．能正确标注有关控制功能的铭牌标签，施工后能按照管理规定清理施工现场。

建议课时：24 课时

学习过程

本活动的基本施工步骤：拆除旧有线路→定位元器件→安装元器件→接线→自检→通电试车（调试）→交付验收。

一、拆除旧有线路

在教师指导下，完成对旧有线路的拆除。简要说明拆除过程中应注意哪些问题。

二、元器件的定位和安装

（1）列举一下，施工中将要安装的元器件有哪些？

（2）查阅相关资料，了解这些元器件安装的工艺要求，按要求进行施工操作。将操作中遇到的问题记录下来。

三、根据接线图和布线工艺要求完成布线

板前明线布线时，应符合平直、整齐、紧贴敷设面、走线合理及接点不得松动等要求。图 2-6 是板前明线布线的实例。

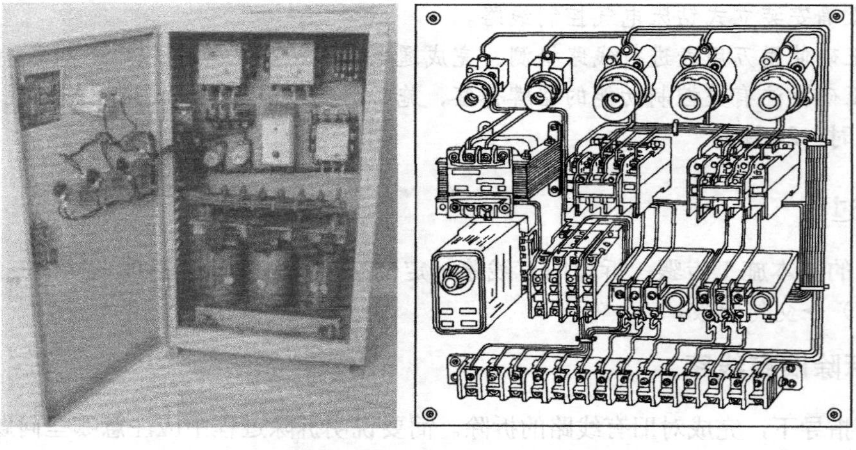

图 2-6　立式钻床电气控制线路板前明线布线

板前明线布线原则如下。

（1）布线通道要尽可能少，同路并行导线按主、控电路分类集中，单层密排，紧贴安装面布线。

（2）同平面的导线应高低一致或前后一致，不能交叉。非交叉不可时，该根导线应在从接线端子引出时就水平架空跨越，且必须走线合理。

（3）布线应横平竖直、分布均匀。变换走向时应垂直转向。

（4）布线时严禁损伤线芯和导线绝缘。

（5）布线顺序一般以接触器为中心，按照由里向外、由低至高，先控制电路、后主电路的顺序进行，以不妨碍后续布线为原则。

（6）在每根剥去绝缘层导线的两端套上编码套管。所有从一个接线端子（或接线桩）到另一个接线端子（或接线桩）的导线必须连续，中间无接头。

（7）导线与接线端子或接线桩连接时，不得压绝缘层、不反卷、不露铜过长。同元件、同一回路不同接点的导线间距离应保持一致。

（8）一个电气元件接线端子上的连接导线不得多于两根，每节接线端子板上的连接导线一般只允许连接一根。

按照以上原则进行布线施工，回答以下问题。

（1）根据图片或电气元件位置图，电源进线是与哪个端子（排）连接的？

（2）导线与接线端子（排）是如何连接的？你采用的是哪种方式？

（3）该工作任务完成后，应张贴哪些标签？

四、自检

（1）安装完毕后进行自检。首先直观检查接线是否正确、规范。按电路图或接线图，从电源端开始逐段核对接线及接线端子处线号是否正确、有无漏接或错接之处。检查导线接点是否符合要求、压接是否牢固。同时注意接点接触应良好，以避免带负载运转时产生闪弧现象，将存在的问题记录下来。

（2）用万用表检查线路的通断情况。检查时，应选用倍率适当的电阻挡，并进行校零，以防发生短路故障。在断开主电路条件下对控制电路检查时，可将表笔分别搭在控制电源线的两个端子上，读数应为“∞”。按下启动按钮时，读数应为接触器线圈的直流电阻值。然后断开控制电路，再检查主电路有无开路或短路现象，此时，可用手动来代替接触器，通电进行检查。自行设计表格，将检查结果记录下来，并判断线路是否连接正常。

（3）用兆欧表检查线路的绝缘电阻，其阻值应不得小于1 MΩ。将测量结果记录下来。

五、通电试车

断电检查无误后，经教师同意，通电试车，观察电动机的运行状态，测量相关技术参数，若存在故障，及时处理。电动机运行正常无误后，标注有关控制功能的铭牌标签，清理施工现场，交付验收人员检查。

（1）查阅相关资料，写出通电试车的一般步骤。

（2）通电试车的安全要求有哪些？检查现场满足安全要求后，按规定通电试车。

（3）通电试车过程中，若出现异常现象，应立即停车检修。表2-5所示为故障检修的一般步骤，按照步骤提示，在教师指导下进行检修操作，并记录操作过程和测试结果。

表 2-5 故障检修情况记录表

检修步骤	过程记录
1.观察记录故障现象	
2.分析故障原因，确定故障范围（通电操作，注意观察故障现象，根据故障现象分析故障原因）	
3.依据电路的工作原理和观察到的故障现象，在电路图上进行分析，确定电路的最小故障范围	
4.在故障检查范围中，采用逻辑分析及正确的测量方法，迅速查找故障并排除	
5. 通电试车	

检修中应注意如下事项。

① 检修前要先掌握电路图中各个控制环节的作用和原理，并熟悉电动机的接线方法。

② 在检修过程中严禁扩大和产生新的故障，否则，要立即停止检修。

③ 带电检修故障时，必须有专人在现场监护，并要确保用电安全。

（4）如出现主电动机不能启动的故障，应该如何处理？

（5）试车过程中自己或其他同学还遇到了哪些问题？相互交流，做好记录，并分析原因，记录处理方法，填入表 2-6 中。

表 2-6 故障分析、检修记录表

故障现象	故障原因	处理方法

六、项目验收

1．在验收阶段，各小组派出代表进行交叉验收，并填写详细验收记录，如表 2-7 所示。

表 2-7　验收过程问题记录表

验收问题	整改措施	完成时间	备　注

（2）以小组为单位认真填写任务验收报告，并将学习活动 1 中的工作任务单填写完整，如表 2-8 所示。

表 2-8　三立式钻床电气控制线路安装与调试任务验收报告

<table>
<tr><td>工程项目名称</td><td colspan="4"></td></tr>
<tr><td>建设单位</td><td colspan="2"></td><td>联系人</td><td></td></tr>
<tr><td>地址</td><td colspan="2"></td><td>电话</td><td></td></tr>
<tr><td>施工单位</td><td colspan="2"></td><td>联系人</td><td></td></tr>
<tr><td>地址</td><td colspan="2"></td><td>电话</td><td></td></tr>
<tr><td>项目负责人</td><td colspan="2"></td><td>施工周期</td><td></td></tr>
<tr><td>工程概况</td><td colspan="4"></td></tr>
<tr><td>现存问题</td><td colspan="2"></td><td>完成时间</td><td></td></tr>
<tr><td>改进措施</td><td colspan="4"></td></tr>
<tr><td rowspan="2">验收结果</td><td>主观评价</td><td>客观测试</td><td>施工质量</td><td>材料移交</td></tr>
<tr><td></td><td></td><td></td><td></td></tr>
</table>

七、评价

以小组为单位，展示本组安装成果。根据表 2-9 进行评分。

表 2-9　任务测评表

<table>
<tr><td colspan="2" rowspan="2">评分内容</td><td rowspan="2">分值</td><td colspan="3">评　分</td></tr>
<tr><td>自我评分</td><td>小组评分</td><td>教师评分</td></tr>
<tr><td rowspan="3">元器件的定位及安装</td><td>元器件无损伤</td><td rowspan="3">20</td><td rowspan="3"></td><td rowspan="3"></td><td rowspan="3"></td></tr>
<tr><td>元器件安装平整、对称</td></tr>
<tr><td>按图装配，元器件位置、极性正确</td></tr>
<tr><td rowspan="5">布线</td><td>按电路图正确接线</td><td rowspan="5">40</td><td rowspan="5"></td><td rowspan="5"></td><td rowspan="5"></td></tr>
<tr><td>布线方法、步骤正确，符合工艺要求</td></tr>
<tr><td>布线横平竖直、整洁有序，接线紧固美观</td></tr>
<tr><td>电源和电动机按钮正确接到端子排上，并准确注明引出端子号</td></tr>
<tr><td>接点牢固、接头露铜长度适中，无反卷、压绝缘层、标记号不清楚、标记号遗漏或误标等问题</td></tr>
</table>

续表

评分内容		分值	评分		
			自我评分	小组评分	教师评分
布线	施工中导线绝缘层或线芯无损伤				
通电调试	热继电器整定值设定正确	30			
	设备正常运转无故障				
	出现故障正确排除				
安全文明生产	遵守安全文明生产规程	10			
	施工完成后认真清理现场				
施工额定用时______；实际用时______；超时扣分______					
合　计					

学习活动 4　工作总结与评价

学习目标

1. 能以小组形式，对学习过程和实训成果进行汇报总结。
2. 完成对学习过程的综合评价。

建议课时：4 课时

学习过程

一、工作总结

以小组为单位，选择演示文稿、展板、海报、录像等形式中的一种或几种，向全班展示、汇报学习成果。

二、综合评价（见表 2-10）

表 2-10　综合评价表

评价项目	评价内容	评价标准	评价方式		
			自我评价	小组评价	教师评价
职业素养	安全意识、责任意识	A. 作风严谨、自觉遵章守纪、出色地完成工作任务 B. 能够遵守规章制度、较好地完成工作任务 C. 遵守规章制度、没完成工作任务，或虽完成工作任务但未严格遵守或忽视规章制度 D. 不遵守规章制度，没完成工作任务			
	学习态度主动	A. 积极参与教学活动，全勤 B. 缺勤达本任务总学时的 10% C. 缺勤达本任务总学时的 20% D. 缺勤达本任务总学时的 30%			

续表

评价项目	评价内容	评价标准	评价方式		
			自我评价	小组评价	教师评价
职业素养	团队合作意识	A．与同学协作融洽、团队合作意识强 B．与同学沟通、协同工作能力较强 C．与同学沟通、协同工作能力一般 D．与同学沟通困难、协同工作能力较差			
专业能力	学习活动1 明确工作任务	A．按时、完整地完成工作页，问题回答正确，数据记录、图纸绘制准确 B．按时、完整地完成工作页，问题回答基本正确，数据记录、图纸绘制基本准确 C．未能按时完成工作页，或内容遗漏、错误较多 D．未完成工作页			
	学习活动2 施工前的准备	A．学习活动评价成绩为90～100分 B．学习活动评价成绩为75～89分 C．学习活动评价成绩为60～74分 D．学习活动评价成绩为0～59分			
	学习活动3 现场施工	A．学习活动评价成绩为90～100分 B．学习活动评价成绩为75～89分 C．学习活动评价成绩为60～74分 D．学习活动评价成绩为0～59分			
创新能力		学习过程中提出具有创新性、可行性的建议	加分奖励：		
学生姓名		综合评定等级			
指导教师		日　期			

学习任务 3 减压启动器的安装

学习目标

1. 能通过阅读工作任务联系单和现场勘查，明确工作任务要求。
2. 能正确描述Y—△减压启动器的功能、结构。
3. 能正确识读电气原理图，正确绘制安装图、接线圈，明确Y—△减压启动器的控制过程及工作原理。
4. 能按图样、工艺要求、安全规范等正确安装元器件、完成接线。
5. 能正确使用仪表检测电路安装的正确性，按照安全操作规程完成通电试车。
6. 能正确标注有关控制功能的铭牌标签，施工后能按照管理规定清理施工现场。

建议课时：40 课时

工作场景描述

某热力公司（学校生产实习合作单位）泵站的 2 台减压启动器线路老化，无法正常工作，须重新更换元器件和线路配线，学校委派电气工程系完成此项任务，重新安装 2 台Y—△减压启动器取代原减压启动器。

工作场景描述

1. 明确工作任务。
2. 施工前的准备。
3. 现场施工。
4. 工作总结与评价。

学习活动 1 明确工作任务

学习目标

1. 能通过阅读工作任务联系单，明确工作内容、工时等要求。
2. 能正确描述Y—△减压启动器的功能、结构。

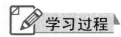

3．能准确记录工作现场的环境条件。

建议课时：6 课时

学习过程

一、阅读工作任务联系单

阅读安装工作联系单，说出本次任务的工作内容、时间要求及交接工作的相关负责人等信息，并根据实际情况补充完整如表 3-1 所示。

表 3-1 工作任务联系单

流水号：2014-03-10

类别：水□ 电□ 暖□ 土建□ 其他□		日期：2014 年 3 月 10 日	
安装地点	某热力公司泵站		
安装项目	减压启动器的安装		
需求原因	泵站供水		
申报时间	2014 年 3 月 10 日	完工时间	2014 年 3 月 15 日
申报单位	某热力公司泵站	安装单位	电气工程系
验收意见		安装单位电话	89896666
验收人		承办人	
申报人电话	898955555	承办人电话	
泵站负责人	崔洋	泵站负责人电话	89894444

二、认识 Y—△减压启动器

Y—△（星形—三角形）减压启动器是用于辅助电机减压启动的设备，工作时通过改变电动机的接线方式而改变启动电压，从而降低启动电流。

（1）查阅相关资料，为什么电动机要采取减压启动措施？减压启动时和全压运行时分别采用哪种接线方式？

（2）在教师指导下，观察Y—△减压启动器的外形和基本结构，然后对照实物，在图 3-1 中将各部分的名称补充完整。

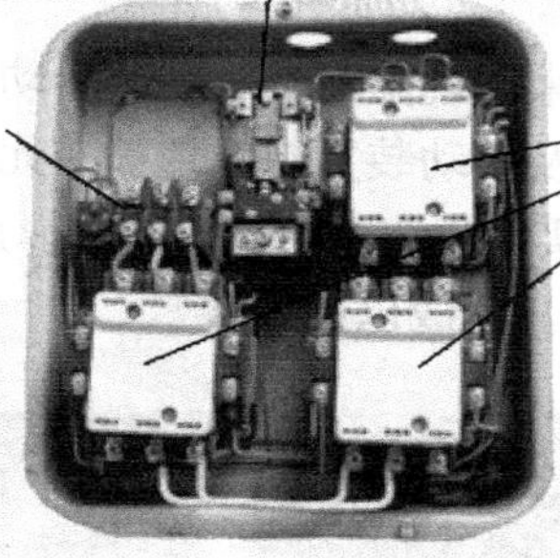

1—______；2—______；3—______

图 3-1 Y—△减压启动器的外形和基本结构

（3）测量启动器控制箱的实际尺寸，记录下来。

（4）观察启动器内部结构，其中包括了哪些元器件？将其型号、规格、数量等信息记录下来，如表 3-2 所示。

表 3-2 元器件明细表

序号	名　称	型号规格	单位	数量	备　注

学习活动 2 施工前的准备

学习目标

1．能正确描述时间继电器的图形符号、文字符号、功能特点及安装要求。
2．能正确识读电气原理图，明确启动器的控制过程及该电路工作原理。
3．能正确绘制布置图和接线图。
4．能根据任务要求和实际情况，合理制订工作计划。

建议课时：10 课时

学习过程

一、认识时间继电器

减压启动器中，采用时间继电器来实现电动机从减压启动到全压运行的自动控制。时间继电器作为辅助元器件，用于各种保护及自动装置中，使被控元器件实现所需要的延时动作。时间继电器利用电磁机构或机械动作，实现当线圈通电或断电以后，触点延迟闭合或断开。图 3-2 为几种常用的时间继电器。对照实物，完成以下内容。

图 3-2　几种常见的时间继电器

（1）常用的时间继电器有哪几种？图 3-2 中的时间继电器分别属于哪一类型？

（2）空气阻尼式时间继电器是较常用的一种时间继电器，又称为气囊式时间继电器，观察空气阻尼式时间继电器外形，查阅相关资料，了解其结构组成，将图 3-3 补充完整。

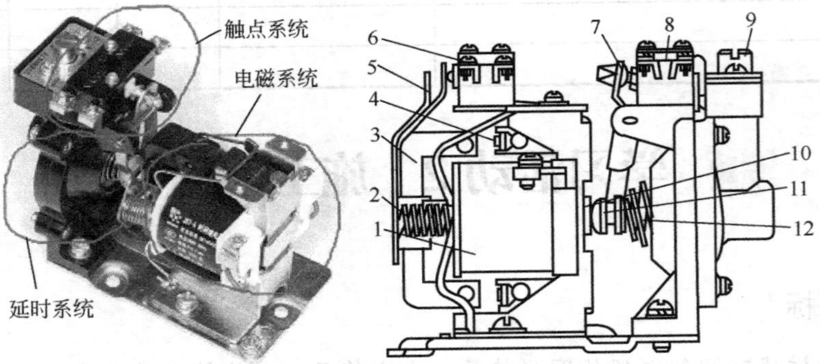

1—______；2—反力弹簧；3—______；4—______；5—弹簧片；

6—______；7—杠杆；8—______；9—调节螺钉；

10—推杆；11—活塞杆；12—宝塔形弹簧

图 3-3　空气阻尼式时间继电器

（3）根据触点延时的特点，空气阻尼式时间继电器可分为通电延时动作型和断电延时复位型两种。查阅相关资料，说明两者之间的区别。

（4）空气阻尼式时间继电器的类型一般通过其型号来描述，查阅相关资料，了解其型号及含义，将图 3-4 补充完整。

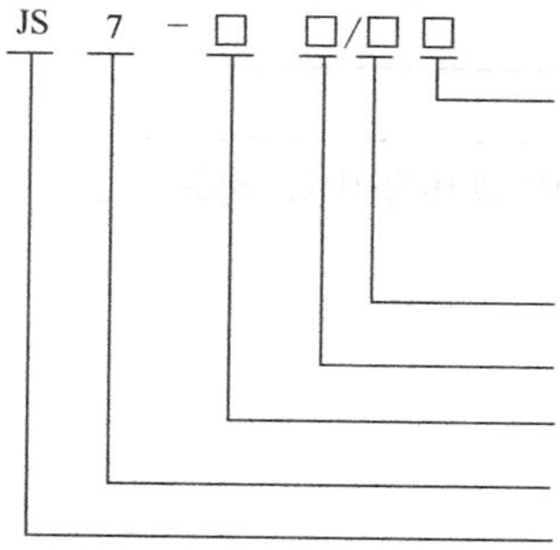

图 3-4　空气阻尼式时间继电器的型号及含义

（5）如果将通电延时型时间继电器的电磁机构翻转 180° 安装，即成为断电延时型时间继电器。查阅资料，观察实物结构，简要说明其原理。

（6）通过下面两个实验可以直观地理解时间继电器的工作原理。观察教师演示或动手实践，观察实验现象，回答以下问题。

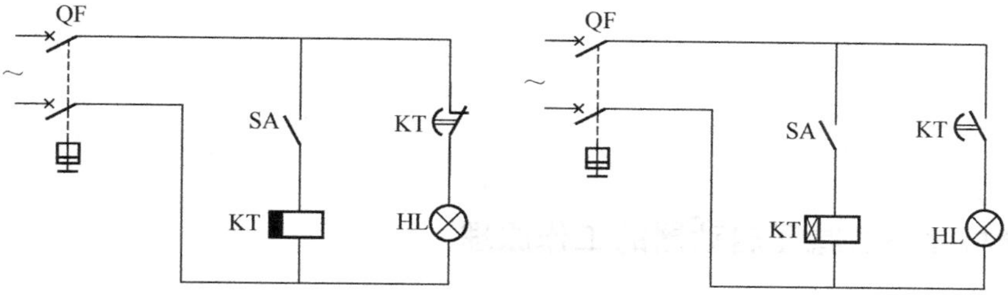

图 3-5　时间继电器的工作原理

① 写出电路图中各符号的含义。

QF 表示________________________

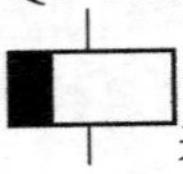

表示________________________

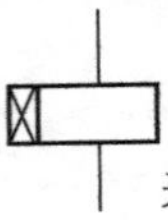

表示________________________

表示________________________

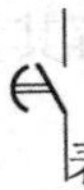

表示________________________

SA 表示________________________

HL 表示________________________

② 观察现象并描述。说明通电型和断电型的区别。

（7）晶体管时间继电器也称为半导体时间继电器或电子式时间继电器，近年来发展迅速，应用越来越广泛。JS20 系列晶体管时间继电器的外形及接线如图 3-6 所示。查阅相关资料，说明相对于空气阻尼式时间继电器，晶体管时间继电器有哪些优点。

图 3-6　JS20 系列晶体管时间继电器的外形及接线

二、分析 Y—△减压启动器的工作原理

图名如图 3-7 所示。在教师的指导下，分析其工作原理，将以下分析过程补充完整。

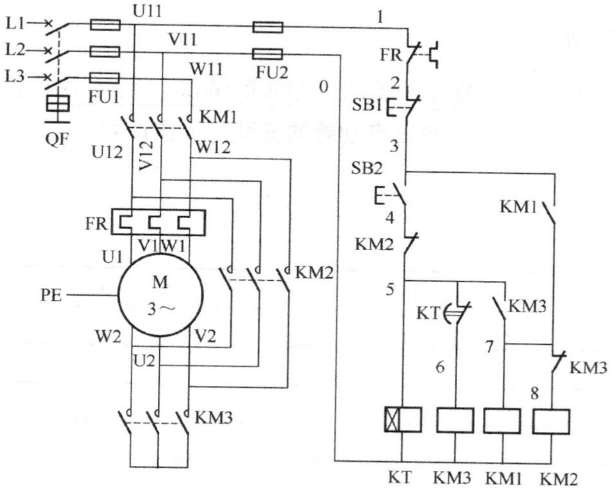

图 3-7 时间继电器自动控制Y—△减压启动控制电路

当接触器 KM1 和接触器 KM2 同时得电工作时，电动机定子绕组接成____形，电动机工作状态为减压启动。当接触器 KM1 和接触器 KM3 同时得电工作时，电动机定子绕组接成____形，电动机工作状态为全压运行。

线路的工作原理如下。

首先合上电源开关 QS；然后按下启动按钮 SB2，KM3 线圈得电，KM3 动合触点闭合，KM1 线圈得电，KM1 自锁触点闭合自锁、KM1 主触点闭合；同时，KM3 线圈得电后，KM3 主触点闭合；电动机 M 接成星形减压启动；KM3 连锁触点分断对 KM2 连锁；在 KM3 线圈得电的同时，时间继电器 KT 线圈得电，延时开始，当电动机 M 的转速上升到一定值时，KT 延时结束，KT 动断触点分断，KM3 线圈失电，KM3 动触点分断；KM3 主触点分断，解除Y连接；KM3 连锁触点闭合，KM2 线圈得电，KM2 连锁触点分断对 KM3 连锁；同时 KT 线圈失电，KT 动断触点瞬时闭合，KM2 主触点闭合，电动机 M 接成△全压运行；停止时，按下 SB2 即可。

三、绘制布置图和接线图

根据Y—△减压启动器原理图和实际情况，画出布置图和接线圈。布置图和接线图示例如图 3-8 所示。

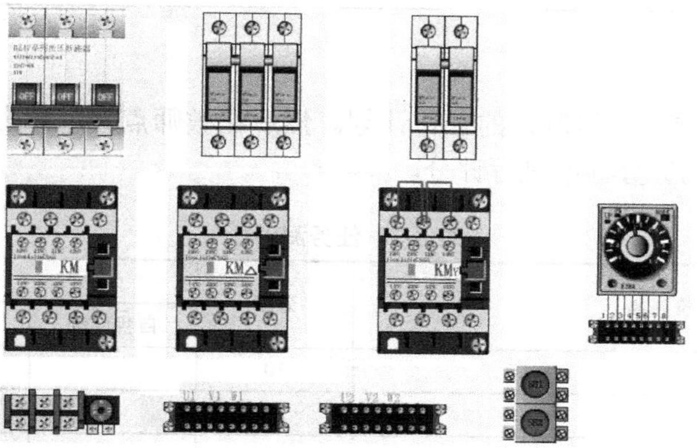

图 3-8 布置图和接线图示例

四、制订工作计划

根据任务要求和施工图样，结合现场勘查的实际情况，制订小组工作计划。

“减压启动器的安装”工作计划

一、人员分工

1 小组负责：____________

2 小组成员及分工

姓名	分工

二、工具及材料清单

序号	工具或材料名称	单位	数量	备注

三、工序及工期安排

序号	工作内容	完成时间	备注

四、安全防护措施

五、评价

以小组为单位，展示本组制订的工作计划。然后在教师点评基础上对工作计划进行修改完善，并根据表 3-3 的评分标准进行评分。

表 3-3 任务测评表

评价内容	分值	评分		
		自我评价	小组评价	教师评价
计划制订是否有条理	10			
计划是否全面、完善	10			
人员分工是否合理	10			

续表

评价内容	分值	评　　分		
		自我评价	小组评价	教师评价
任务要求是否明确	20			
工具清单是否正确、完整	20			
材料清单是否正确、完整	20			
团结协作	10			
合　　计				

学习活动3　现场施工

学习目标

1．能正确安装Y—△减压启动器。

2．能正确使用万用表进行线路检测，完成通电试车。

3．能正确标注有关控制功能的铭牌标签，施工后能按照管理规定清理施工现场。

建议课时：20 课时

学习过程

一、安装元器件和布线

Y—△减压启动器的安装布线和学习任务二施工中所涉及的方法、要求基本相同。参照学习任务二所学内容，完成元器件的安装及布线。

施工中应注意以下问题。

① 用Y—△减压启动器控制的电动机必须有 6 个出线端子，且定子绕组在三角形联结时的额定电压等于三相电源线电压。

② 接线时要保证电动机三角形联结的正确性，即接触器 KM2 主触头闭合时，应保证定子绕组的 U1 与 W2、V1 与 U2、W1 与 V2 相连接。

③ 接触器 KM2 的进线必须从三相定子绕组的末端引入，若误将其从首端引入，则在吸合时，会产生三相电源短路事故。

④ 启动器外部配线必须按要求一律装在导线通道内，使导线有适当的机械保护，以防止液体、铁屑和灰尘的侵入。

（1）除了任务二使用的直接安装，根据现场条件的不同，还可以采用轨道安装的形式。你采用的是哪种方式？若采用轨道安装，有哪些操作要点？查阅相关资料，简要说明。

（2）安装过程中遇到了哪些问题？你是如何解决的？在表 3-4 中记录下来。

表 3-4　安装过程的问题及解决方法

所遇到的问题	解决方法

二、安装完毕后进行自检

参考学习任务二，用万用表进行自检，自行设计表格，记录自检的项目、过程、测试结果、所遇问题和处理方法。自检无误后，张贴标签，清理现场。

三、通电试车

（1）通电校验前，要再检查一下熔体规格及时间继电器、热继电器的各整定值是否符合要求。查阅相关资料，学习整定的方法，简要写出整定的方法、要求和结果。

（2）断电检查无误后，经教师同意，通电试车，观察电动机的运行状态，测量相关技术参数，若存在故障，及时处理。电动机运行正常无误后，标注有关控制功能的铭牌标签，清理施工现场，交付验收人员检查。

通电试车过程中，若出现异常现象，应立即停车检修。表 3-5 中所示为故障检修的一般步骤，按照步骤提示，在教师指导下进行检修操作，并记录操作过程和测试结果。

表 3-5　故障检修情况记录表

检修步骤	过程记录
1.观察记录故障现象	
2.分析故障原因，确定故障范围（通电操作，注意观察故障现象，根据故障现象分析故障原因）	

续表

检修步骤	过程记录
3.依据电路的工作原理和观察到的故障现象，在电路图上进行分析，确定电路的最小故障范围	
4.在故障检查范围中，采用逻辑分析及正确的测量方法，迅速查找故障并排除	
5.通电试车	

（3）试车过程中自己或其他同学还遇到了哪些问题？相互交流，做好记录，并分析原因，记录处理方法，填入表 3-6 中。

表 3-6 故障分析、检修记录表

故障现象	故障原因	处理方法
通电试车后，电动机不能启动		
通电试车后，电动机持续低速运转不能恢复到正常转速		
通电后，电动机直接全压启动		

四、项目验收

（1）在验收阶段，各小组派出代表进行交叉验收，并填写详细验收记录，如表 3-7 所示。

表 3-7 验收过程问题记录表

验收问题	整改措施	完成时间	备 注

（2）以小组为单位认真填写任务验收报告，并将学习活动 1 中的工作任务单填写完整，如表 3-8 所示。

表 3-8 减压启动器的安装任务验收报告

工程项目名称				
建设单位		联系人		
地址		电话		
施工单位		联系人		
地址		电话		
项目负责人		施工周期		
工程概况				
现存问题		完成时间		
改进措施				
验收结果	主观评价	客观测试	施工质量	材料移交

五、评价

以小组为单位，展示本组安装成果。根据表 3-9 进行评分。

表 3-9　任务测评表

<table>
<tr><th colspan="2" rowspan="2">评分内容</th><th rowspan="2">分值</th><th colspan="3">评　分</th></tr>
<tr><th>自我评分</th><th>小组评分</th><th>教师评分</th></tr>
<tr><td rowspan="3">元器件的定位及安装</td><td>元器件无损伤</td><td rowspan="3">20</td><td rowspan="3"></td><td rowspan="3"></td><td rowspan="3"></td></tr>
<tr><td>元器件安装平整、对称</td></tr>
<tr><td>按图装配，元器件位置、极性正确</td></tr>
<tr><td rowspan="6">布线</td><td>按电路图正确接线</td><td rowspan="6">40</td><td rowspan="6"></td><td rowspan="6"></td><td rowspan="6"></td></tr>
<tr><td>布线方法、步骤正确，符合工艺要求</td></tr>
<tr><td>布线横平竖直、整洁有序，接线紧固美观.</td></tr>
<tr><td>电源和电动机按钮正确接到端子排上，并准确注明引出端子号</td></tr>
<tr><td>接点牢固、接头漏铜长度适中，无反圈、压绝缘层、标记号不清楚、标记号遗漏或误标等问题</td></tr>
<tr><td>施工中，导线绝缘层或线芯无损伤</td></tr>
<tr><td rowspan="3">通电调试</td><td>热继电器整定值设定正确</td><td rowspan="3">30</td><td rowspan="3"></td><td rowspan="3"></td><td rowspan="3"></td></tr>
<tr><td>设备正常运转无故障</td></tr>
<tr><td>出现故障正确排除</td></tr>
<tr><td rowspan="2">安全文明生产</td><td>遵守安全文明生产规程</td><td rowspan="2">10</td><td rowspan="2"></td><td rowspan="2"></td><td rowspan="2"></td></tr>
<tr><td>施工完成后认真清理现场</td></tr>
<tr><td colspan="3">施工额定用时________；实际用时________；超时扣分________</td><td></td><td></td><td></td></tr>
<tr><td colspan="3">合　计</td><td></td><td></td><td></td></tr>
</table>

学习活动 4　工作总结与评价

学习目标

1. 能以小组形式，对学习过程和实训成果进行汇报总结。
2. 完成对学习过程的综合评价。

建议课时：4 课时

学习过程

一、工作总结

以小组为单位，选择演示文稿、展板、海报、录像等形式中的一种或几种，向全班展示、汇报学习成果。

二、综合评价（见表 3-10）

表 3-10 综合评价表

评价项目	评价内容	评价标准	评价方式		
			自我评价	小组评价	教师评价
职业素养	安全意识、责任意识	A．作风严谨、自觉遵章守纪、出色地完成工作任务 B．能够遵守规章制度、较好地完成工作任务 C．遵守规章制度、没完成工作任务，或虽完成工作任务但未严格遵守或忽视规章制度 D．不遵守规章制度，没完成工作任务			
	学习态度主动	A．积极参与教学活动，全勤 B．缺勤达本任务总学时的 10% C．缺勤达本任务总学时的 20% D．缺勤达本任务总学时的 30%			
	团队合作意识	A．与同学协作融洽、团队合作意识强 B．与同学沟通、协同工作能力较强 C．与同学沟通、协同工作能力一般 D．与同学沟通困难、协同工作能力较差			
专业能力	学习活动 1 明确工作任务	A．按时、完整地完成工作页，问题回答正确，数据记录、图纸绘制准确 B．按时、完整地完成工作页，问题回答基本正确，数据记录、图纸绘制基本准确 C．未能按时完成工作页，或内容遗漏、错误较多 D．未完成工作页			
	学习活动 2 施工前的准备	A．学习活动评价成绩为 90～100 分 B．学习活动评价成绩为 75～89 分 C．学习活动评价成绩为 60～74 分 D．学习活动评价成绩为 0～59 分			
	学习活动 3 现场施工	A．学习活动评价成绩为 90～100 分 B．学习活动评价成绩为 75～89 分 C．学习活动评价成绩为 60～74 分 D．学习活动评价成绩为 0～59 分			
创新能力		学习过程中提出具有创新性、可行性的建议	加分奖励：		
学生姓名		综合评定等级			
指导教师		日 期			

学习任务 4　CA6140型车床电气控制线路的安装与调试

学习目标

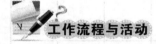

1．能通过阅读工作任务联系单和现场勘查，明确工作任务要求。

2．能正确识读电气原理图，绘制安装图、接线图，明确 CA6140 型车床电气控制线路的控制过程及工作原理。

3．能按图样、工艺要求、安全规范等正确安装元器件、完成接线。

4．能正确使用仪表检测电路安装的正确性，按照安全操作规程完成通电试车。

5．能正确标注有关控制功能的铭牌标签，施工后能按照管理规定清理施工现场。

建议课时：60 课时

工作场景描述

某机床厂要对 CA6140 型车床电气控制线路进行安装，要求维修电工班接到此任务后，在规定期限完成安装、调试，交有关人员验收。

工作流程与活动

1．明确工作任务。

2．施工前的准备。

3．现场施工。

4．工作总结与评价。

学习活动 1　明确工作任务

学习目标

1．能通过阅读工作任务联系单，明确工作内容、工时等要求。

2．能描述 CA6140 型车床的结构、作用、运动形式及各个元器件所在位置和作用。

建议课时：8 课时

学习过程

一、阅读工作任务联系单

阅读工作任务联系单，说出本次任务的工作内容、时间要求及交接工作的相关负责人等信息，并根据实际情况补充完整，如表 4-1 所示。

表 4-1 工作任务联系单（设备科） 编号：

<table>
<tr><td>安装地点</td><td colspan="5">某机床厂（电气安装车间及总装车间）</td></tr>
<tr><td>安装项目</td><td colspan="3">CA6140 型车床电气线路的安装</td><td>保修周期</td><td>出厂后一年</td></tr>
<tr><td rowspan="2">安装单位
或部门</td><td rowspan="2"></td><td>责任人</td><td></td><td rowspan="2">承接时间</td><td rowspan="2">20 年 月 日</td></tr>
<tr><td>联系电话</td><td></td></tr>
<tr><td>安装人员</td><td colspan="3"></td><td>完工时间</td><td>20 年 月 日</td></tr>
<tr><td>验收意见</td><td colspan="3"></td><td>验收人</td><td></td></tr>
<tr><td>处室负责人签字</td><td colspan="2"></td><td colspan="2">设备科负责人签字</td><td></td></tr>
</table>

二、认识 CA6140 型车床

车床是一种应用极为广泛的金属切削机床，能够车削外圆、内圆、端面、螺纹、切断及割槽等，并可以装上钻头或铰刀进行钻孔和铰孔等加工。

（1）CA6140 型车床是机械加工中应用较广的一种， CA6140 型车床的外形及结构如图 4-1 所示。它主要由床身、主轴箱、进给箱、溜板箱、刀架、卡盘、尾架、丝杠和光杠等部分组成。通过现场观察与询问，写出各主要部件的名称。

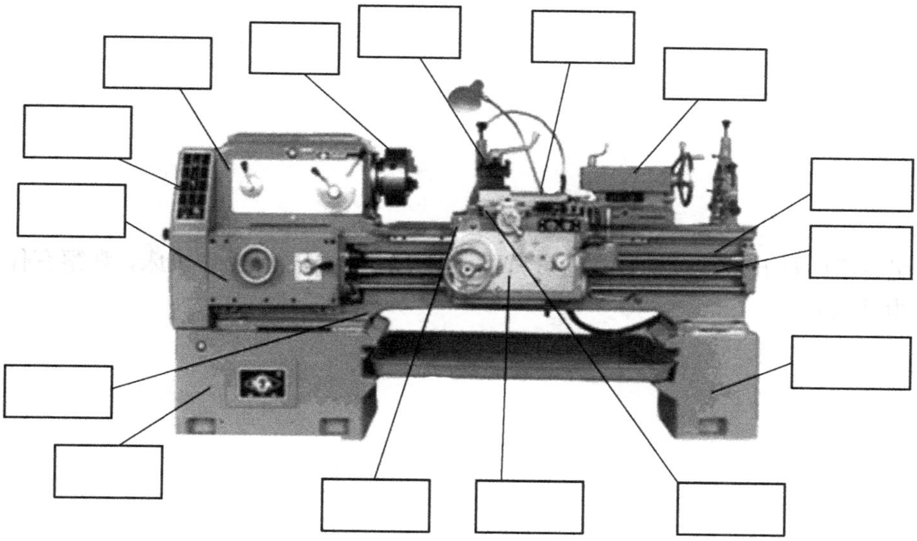

图 4-1 CA6140 型车床的外形及结构

（2）观察车床的操作按钮和手柄，在图 4-1 中标出它们的位置，写出各自的功能及特征。

（3）查阅相关资料，写出 CA6140 型车床的型号意义。

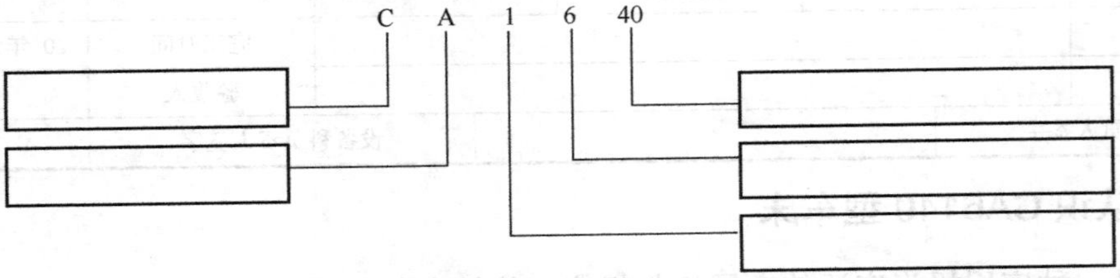

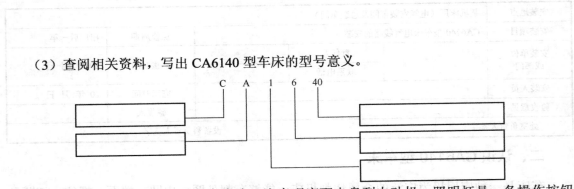

（4）在教师引导下，查看车床线路，注意观察配电盘到电动机、照明灯具、各操作按钮之间的引线是如何安装的。简要说明电源线是从什么位置引入的，以及配电盘采用的是哪种配线方式。

（5）配电箱门打开或关闭时，观看教师演示或在教师指导下操作机床，观察有什么不同？想一想，为什么？

（6）画出配电盘的安装草图。

学习活动 2　施工前的准备

学习目标

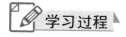

1．能正确识读电气原理图，明确相关低压电器的图形符号、文字符号，分析控制器件的动作过程和电路的控制原理。

2．能正确绘制安装图、接线图。

3．能根据任务要求和实际情况，合理制订工作计划。

建议课时：16 课时

学习过程

一、识读电气原理图

CA6140 型车床电气原理图如图 4-2 所示。

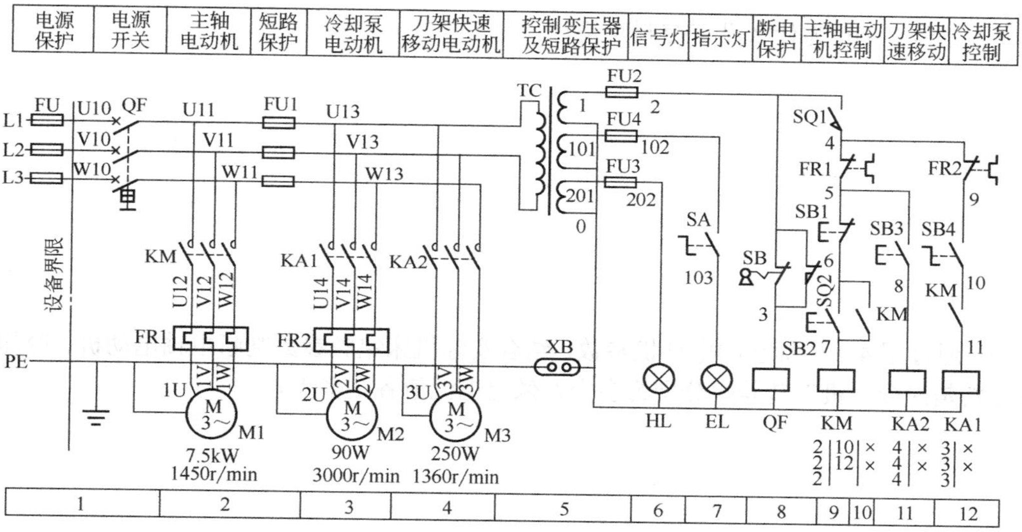

图 4-2　CA6140 型车床电气原理图

（1）识读 CA6140 型车床电气原理图，在图 4-2 中分别圈出主电路、控制电路、辅助电路。

（2）主电路中主要包括哪些设备？分别由哪些元器件控制？

（3）电路中主要采用了哪些保护？分别由什么元器件来实现？

（4）几台电动机分别采用哪种运行方式？

（5）控制变压器 TC 的 3 个二次线圈输出电压分别是多少？分别给什么电路供电？

（6）信号灯 HL 为什么没有控制开关？

（7）通过图 4-2 中标注的电动机参数，结合实际机床铭牌参数判断主轴电动机、冷却泵电动机分别是几极电机？转差率分别为多少？额定电流值各是多少？

（8）FRl、FR2 分别起什么作用？它们的常闭触点串联使用的目的是什么？

（9）分析线路的工作原理，主轴电动机与冷却泵电动机之间在启动、停止的顺序上存在什么关系？简要描述其工作过程。

（10）除了原理图中的方法外，还可以用其他方法实现顺序控制，分析图4-3、图4-4所示的几种方式，简要说明它们的工作过程，对比其异同。

① 主电路实现顺序控制。

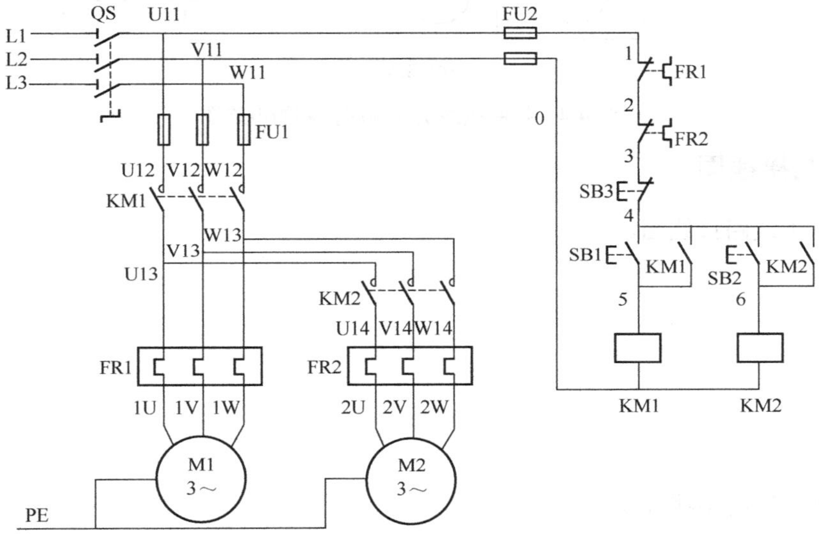

图4-3 主电路实现的顺序控制电路

② 控制电路实现顺序控制。

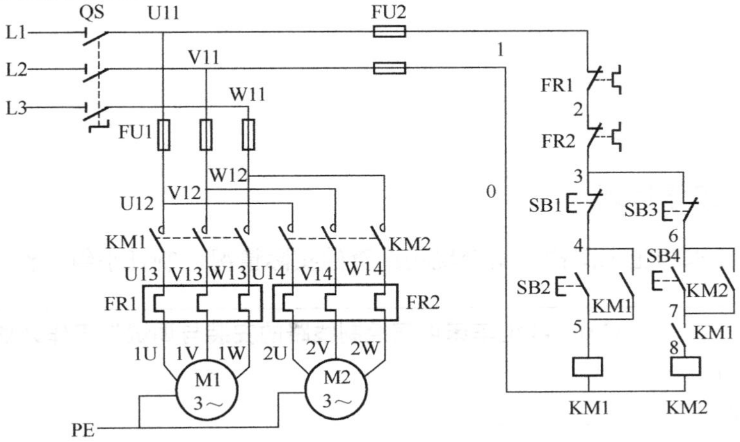

(a) 顺序启动控制

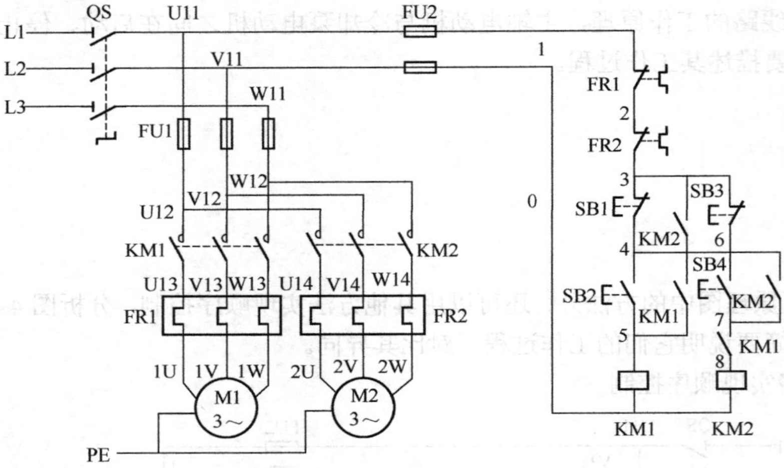

(b) 顺序启动逆序停止

图 4-4　控制线路实现顺序控制的电路图

二、绘制接线图

（1）绘制主线路接线图。

（2）绘制控制线路接线图。

三、制订工作计划

根据任务要求和施工图样，结合现场勘查的实际情况，制订小组工作计划。

“CA6140 型车床电气控制线路的安装与调试”工作计划

一、人员分工

1．小组负责：________________

2．小组成员及分工

姓　名	分　工

二、工具及材料清单

序　号	工具或材料名称	单　位	数　量	备　注

三、工序及工期安排

序　号	工作内容	完成时间	备　注

四、安全防护措施

四、评价

以小组为单位，展示本组制订的工作计划。然后在教师点评基础上对工作计划进行修改完善，并根据表4-2的评分标准进行评分。

表4-2　测评表

评价内容	分值	评　分		
		自我评价	小组评价	教师评价
计划制订是否有条理	10			
计划是否全面、完善	10			
人员分工是否合理	10			
任务要求是否明确	20			
工具清单是否正确、完整	20			
材料清单是否正确、完整	20			
团结协作	10			
合　计				

学习活动 3　现场施工

学习目标

1．能正确安装 CA6140 型车床电气控制线路。

2．能正确使用万用表进行线路检测，完成通电试车，交付验收。

3．能正确标注有关控制功能的铭牌标签，施工后能按照管理规定清理施工现场。

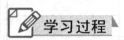

建议课时：32 课时

学习过程

一、安装元器件和布线

本学习任务中基本不涉及新元件，安装工艺、步骤、方法及要求与学习任务二和学习任务三基本相同。对照前面两个学习任务中电气设备控制线路的安装步骤和工艺要求，完成安装任务。

安装过程中遇到了哪些问题？你是如何解决的？在表 4-3 中记录下来。

表 4-3　安装过程的问题及解决方法

所遇到的问题	解决方法

二、安装完毕后进行自检

用万用表进行自检，自行设计表格，记录自检的项目、过程、测试结果、所遇问题和处理方法。自检无误后，张贴标签，清理现场。

三、通电试车

断电检查无误后，经教师同意，通电试车，观察电动机的运行状态，测量相关技术参数，若存在故障，及时处理。电动机运行正常无误后，标注有关控制功能的铭牌标签，清理工作现场，交付验收人员检查。通电试车过程中，若出现异常现象，应立即停车，按照前面学习任务中所学的方法步骤进行检修。小组间相互交流一下，将各自遇到的故障现象、故障原因和处理方法记录下来，如表4-4所示。

表4-4 故障分析、检修记录表

故障现象	故障原因	处理方法

四、项目验收

（1）在验收阶段，各小组派出代表进行交叉验收，并填写详细验收记录，如表4-5所示。

表4-5 验收过程问题记录表

验收问题	整改措施	完成时间	备 注

（2）以小组为单位认真填写任务验收报告，并将学习活动1中的工作任务单填写完整，如表4-6所示。

表4-6 CA6140型车床电气控制线路安装与调试任务验收报告

<table>
<tr><td>工程项目名称</td><td colspan="4"></td></tr>
<tr><td>建设单位</td><td colspan="2"></td><td>联系人</td><td></td></tr>
<tr><td>地址</td><td colspan="2"></td><td>电话</td><td></td></tr>
<tr><td>施工单位</td><td colspan="2"></td><td>联系人</td><td></td></tr>
<tr><td>地址</td><td colspan="2"></td><td>电话</td><td></td></tr>
<tr><td>项目负责人</td><td colspan="2"></td><td>施工周期</td><td></td></tr>
<tr><td>工程概况</td><td colspan="4"></td></tr>
<tr><td>现存问题</td><td colspan="2"></td><td>完成时间</td><td></td></tr>
<tr><td>改进措施</td><td colspan="4"></td></tr>
<tr><td rowspan="2">验收结果</td><td>主观评价</td><td>客观测试</td><td>施工质量</td><td>材料移交</td></tr>
<tr><td></td><td></td><td></td><td></td></tr>
</table>

五、评价

以小组为单位，展示本组安装成果。根据表 4-7 进行评分。

表 4-7　任务测评表

评分内容		分值	评　分		
			自我评分	小组评分	教师评分
元器件的定位及安装	元器件无损伤	20			
	元器件安装平整、对称				
	按图装配，元器件位置、极性正确				
布线	按电路图正确接线	40			
	布线方法、步骤正确，符合工艺要求				
	布线横平竖直、整洁有序，接线紧固美观				
	电源和电动机按钮正确接到端子排上，并准确注明引出端子号				
	接点牢固、接头漏铜长度适中，无反圈、压绝缘层、标记号不清楚、标记号遗漏或误标等问题				
	施工中，导线绝缘层或线芯无损伤				
通电调试	热继电器整定值设定正确	30			
	设备正常运转无故障				
	出现故障正确排除				
安全文明生产	遵守安全文明生产规程	10			
	施工完成后认真清理现场				
施工额定用时_______；实际用时_______；超时扣分______					
合　计					

学习活动 4　工作总结与评价

学习目标

1. 能以小组形式，对学习过程和实训成果进行汇报总结。
2. 完成对学习过程的综合评价。

建议课时：4 课时

学习过程

一、工作总结

以小组为单位，选择演示文稿、展板、海报、录像等形式中的一种或几种，向全班展示、汇报学习成果。

二、综合评价（见表4-8）

表4-8 综合评价表

评价项目	评价内容	评价标准	评价方式		
			自我评价	小组评价	教师评价
职业素养	安全意识、责任意识	A．作风严谨、自觉遵章守纪、出色地完成工作任务 B．能够遵守规章制度、较好地完成工作任务 C．遵守规章制度、没完成工作任务，或虽完成工作任务但未严格遵守或忽视规章制度 D．不遵守规章制度，没完成工作任务			
	学习态度主动	A．积极参与教学活动，全勤 B．缺勤达本任务总学时的10% C．缺勤达本任务总学时的20% D．缺勤达本任务总学时的30%			
	团队合作意识	A．与同学协作融洽、团队合作意识强 B．与同学沟通、协同工作能力较强 C．与同学沟通、协同工作能力一般 D．与同学沟通困难、协同工作能力较差			
专业能力	学习活动1 明确工作任务	A．按时、完整地完成工作页，问题回答正确，数据记录、图样绘制准确 B．按时、完整地完成工作页，问题回答基本正确，数据记录、图样绘制基本准确 C．未能按时完成工作页，或内容遗漏、错误较多 D．未完成工作页			
	学习活动2 施工前的准备	A．学习活动评价成绩为90～100分 B．学习活动评价成绩为75～89分 C．学习活动评价成绩为60～74分 D．学习活动评价成绩为0～59分			
	学习活动3 现场施工	A．学习活动评价成绩为90～100分 B．学习活动评价成绩为75～89分 C．学习活动评价成绩为60～74分 D．学习活动评价成绩为0～59分			
创新能力		学习过程中提出具有创新性、可行性的建议	加分奖励：		
学生姓名			综合评定等级		
指导教师			日　期		

学习任务 5 CA6140 型车床电气控制线路的检修

学习目标

1. 能通过阅读设备维修任务单和现场勘查，记录故障现象，明确维修工作内容。

2. 能掌握常用机床维修的检修过程、检修原则、检修思路、常用检修方法，并熟练应用于实际故障检修。

3. 能根据故障现象和 CA6140 型车床电气原理图，分析故障范围，查找故障点，合理制订维修工作计划。

4. 能够熟练运用常用的故障排除方法排除故障。

5. 能正确填写维修记录。

建议课时：40 课时

工作场景描述

实习工厂有型号为 CA6140 的车床出现故障，影响了生产，急需维修，工厂负责人把这任务交给维修电工班进行紧急检修，要求 4 个小时内修复，避免影响正常的生产。

工作流程与活动

1. 明确任务和勘查现场。
2. 施工前的准备。
3. 现场施工。
4. 工作总结与评价。

学习活动 1　明确工作任务

学习目标

1. 能阅读设备维修任务单，明确工时、工作任务等要求。

2. 能通过现场勘查及与机床操作人员沟通，明确故障现象并做好记录。

建议课时：4 课时

学习过程

一、阅读设备维修任务单

请认真阅读工作情景描述，查阅相关资料，依据故障现象描述或现场观察，组织语言自行填写设备维修任务单，如表5-1所示。

表 5-1　设备维修任务单

报修记录					
报修部门		报修人		报修时间	
报修级别	特急口 急口 一般口		希望完工时间	年 月 日以前	
故障设备		设备编号		故障时间	
故障状况					
维修记录					
接单人及时间			预定完工时间		
派工					
故障原因					
维修类别	小修口　中修口　大修口				
维修情况					
维修起止时间			工时总计		
耗材名称	规格	数量	耗材名称	规格	数量
维修人员建议					
验收记录					
验收部门	维修开始时间		完工时间		
	维修结果	验收人：　日期：			
设备部门		验收人：　日期：			

（1）设备维修任务单中的"报修记录"部分应该由谁进行填写？描述其主要内容。

（2）设备维修任务单中的"故障状况"部分的作用是什么？

（3）设备维修任务单中的"维修记录"部分应该由谁填写？描述其主要内容。

（4）设备维修任务单中的“验收记录”部分应该由谁填写？描述其主要内容。

二、调查故障及勘查施工现场

调查清楚故障的现象及产生故障前、后设备的运行状态，以及环境变化等因素，这是分析判断故障的重要依据，也是做好故障排除工作的必要准备。查阅资料，回答下列问题。

（1）观察和调查故障现象的主要手段有哪些？

（2）需要与操作者和在场人员沟通的问题有哪些？

（3）在与操作者和在场人员沟通后，还应该进行哪些初步检查。

（4）通电试车也是进行故障现象调查的重要手段之一，进行该项工作应该满足的前提条件和注意事项是什么？

（5）检修设备时，为了防止操作人员不明情况而启动或操作机床，应在床身上悬挂“机床正在检修，禁止操作”等类似内容的标牌。

在设备检修过程中，为保证安全，防止无关人员进行检修区域，以及提醒检修人员与周围其他运行设备保持足够的间距，一般会将需要检修的设备与其他设备隔离，保留足够的间距，保证检修工作顺利完成。

在勘查现场情况时，就要特别关注这些细节，为后面施工做好准备。

记录现场情况，为施工做好准备。

学习活动2　施工前的准备

学习目标

1. 能掌握基本检修过程、检修原则、检修思路、常用检修方法，并在实践中加以应用。
2. 能根据技术资料，分析故障原因。
3. 能制订设备维修工作计划。

建议课时：14课时

学习过程

一、学习故障检修的基本方法

（1）故障检修的一般步骤如图5-1所示，补全空缺的两个步骤。

（2）查阅资料，写出判断故障范围的依据。

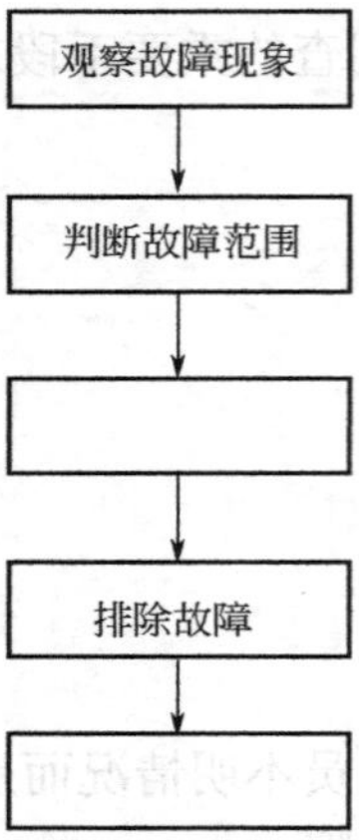

图 5-1　故障检修的一般步骤

二、学习查找故障点的方法

查找故障点的方法有很多种，使用万用表完成的电压法和电阻法是较为常用的两种方法，查阅相关资料，并通过以下两个简单控制线路的排故分析，掌握这两种检修方法。

（1）电压法：把万用表的转换开关置于交流电压 500V 的挡位上，然后按图 5-2 所示的方法进行测量，分析测量结果，补全表 5-2。

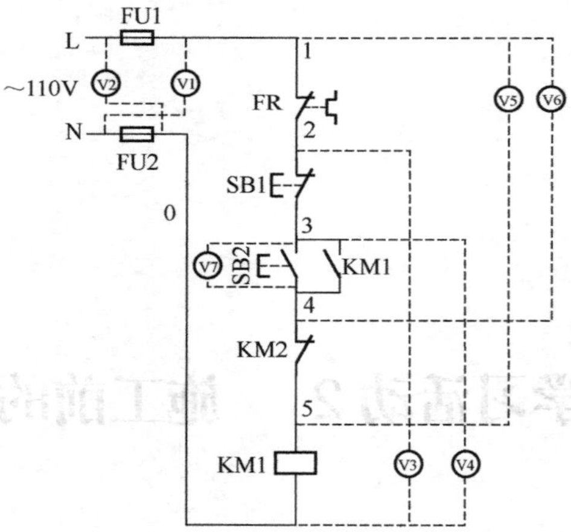

图 5-2　电压法

表 5-2　电压法的测量结果

故障现象	测试状态	0-2	0-3	0-4	故障点
按下 SB1 时，KM 不吸合	按下 SB1 不放		0		FR 常开触头接触不良
		380V	0	0	
		380V		0	SB1 接触不良
		380V	380V	380V	

（2）电阻法：把万用表的转换开关置于倍率适当的电阻挡上，然后按图 5-3 所示方法逐段测量相邻点 1-2、2-3、3-4（测量时由 1 人按下 SB2）、4-5、5 -6、6 -0 之间的电阻，分析测量结果，补全表 5-3。

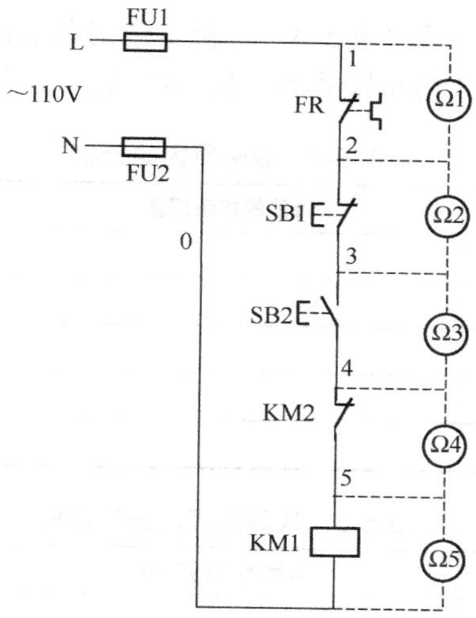

图 5-3　电阻法

表 5-3　电阻法的测量结果

故障现象	测试点	电阻值	故障点
按下 SB2 时，KM1 不吸合	1-2	∞	
	2-3	∞	
	3-4	∞	
	4-5	∞	
	5-6	∞	

（3）电压法和电阻法在应用场合、操作方法、应用注意事项等方面有什么区别？

（4）电阻法是断电测量，而电压法是带电测量，因此采用电压法时更应注意用电的安全。查阅相关资料，简要说明运用电压法查找故障点时，有哪些安全要求。

（5）除了以上两种方法，常用的查找故障点的方法还有哪些？查阅相关资料，简要说明。

三、初步分析故障原因

通过学习活动 1 了解到的故障现象，查阅相关资料，学习故障检修的分析案例，掌握故障分析的过程和方法，结合案例，填写表 5-4，分析本学习任务故障可能的原因，以及相应应进一步检查的部位，为制订检修计划和排故施工做好准备。故障原因的分析举例如表 5-5 所示。

表 5-4　故障原因的分析

故障现象	可能的故障现象	待检查部位和检查内容

表 5-5　故障原因的分析举例

故障现象	可能的故障现象	待检查部位和检查内容
按下启动按钮 SB2，主轴电动机 M1 不启动，接触器 KM1 不吸合	接触器 KM1 线圈回路战障	检查 KM1 线圈回路各段，确定故障

四、制订工作计划

通过前面的工作我们已经得知，在检修故障时应该遵循“观察和调查故障现象→分析故障原因→确定故障的具体部位→排除故障→检验试车”的操作步骤。依此，制订故障检修工作计划。

“CA6140 型车床电气控制线路的安装与调试”工作计划

一、人员分工

1．小组负责：________

2．小组成员及分工

姓　名	分　工

二、工具及材料清单

序　号	工具或材料名称	单　位	数　量	备　注

三、工序及工期安排

序号	工作内容	完成时间	备注
1			
2			
3			
4			
5			

四、安全防护措施

五、评价

以小组为单位，展示本组制订的工作计划。然后在教师点评基础上对工作计划进行修改完善，并根据表 5-6 的评分标准进行评分。

表 5-6 测评表

评价内容	分值	评分		
		自我评价	小组评价	教师评价
计划制订是否有条理	10			
计划是否全面、完善	10			
人员分工是否合理	10			
任务要求是否明确	20			
工具清单是否正确、完整	20			
材料清单是否正确、完整	20			
团结协作	10			
合计				

学习活动 3 现场施工

学习目标

1．能采用适当的方法查找故障点并排除故障。
2．能正确使用万用表进行线路检测，完成通电试车，交付验收。
3．能正确填写维修记录。

建议课时：16 课时

学习过程

一、排除线路故障

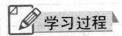

(1) 根据学习活动 2 中的初步判断，采用适当的检查方法，找出故障点并排除。在排除故障过程中，严格执行安全操作规范，文明作业、安全作业，将检修过程记录在表 5-7 中。

表 5-7　检修过程记录表

步骤	测试内容	测试结果	结论和下一步措施

对于"按下启动按钮 SB2，主轴电动机 M1 不启动，接触器 KM1 不吸合"的故障现象，检修过程记录举例如表 5-8 所示。

表 5-8　检修过程记录举例

步骤	测试内容	测试结果	结论和下一步措施
1	按下 SB3，检查 KM3 是否吸合	KM3 正常吸合	KM1 和 KM3 的公共控制电路部分（0-1-2-3-4）正常，故障可能在 KM 的线圈电路部分
2	用电压法检查 KM1 的线圈电路部分（3-4-5-0）	各段电压值如下： 3-4 ：110 V 4-5：0 V 5-0：0 V	SB1 接触不良或接线脱离，应更换 SB1 或将脱落的导线接好

(2) 故障排除后，应当做哪些工作？

二、自检、互检和试车

故障检修完毕后，进行自检、互检，经教师同意，通电试车。

(1) 查阅资料，思考一下，检修任务完成后的自检、试车与安装任务有哪些异同？

（2）记录自检和互检的情况，如表5-9所示。

表5-9 测试情况记录表

故障范围是否正确		检查方法是否正确		是否修复故障	
自检	互检	自检	互检	自检	互检

三、工程验收

（1）在验收阶段，各小组派出代表进行交叉验收，并填写详细验收记录，如表5-10所示。

表5-10 验收过程问题记录表

验收问题	整改措施	完成时间	备注

（2）以小组为单位认真填写任务验收报告，并将学习活动1中的工作任务单填写完整，如表5-11所示。

表5-11 CA6140型车床电气控制线路故障排除任务验收报告

工程项目名称				
建设单位		联系人		
地址		电话		
施工单位		联系人		
地址		电话		
项目负责人		施工周期		
工程概况				
现存问题		完成时间		
改进措施				
验收结果	主观评价	客观测试	施工质量	材料移交

四、其他故障分析与练习

（1）除了本任务工作情景中涉及的故障现象，实际应用中，机床还可能出现其他各式各样的故障情况。以下是CA6140型车床几种典型的故障现象，查询相关资料，分析故障原因、判断故障范围、简述处理方法，并在教师指导下，进行实际排故训练，如表5-12所示。

表 5-12　故障分析、检修记录表

故障现象	故障范围	分析原因	处理方法
按下 SB2，主轴电动机不启动，接触器 KM1 吸合			
无电源指示			
无照明			
冷却泵不能启动			
刀架不能快速移动			

（2）故障练习完毕，进行自检和互检，根据测试内容，填写表 5-13。

表 5-13　故障分析、检修记录表

序号	故障现象	故障范围是否正确		检修方法是否正确		是否修复故障	
		自　检	互　检	自　检	互　检	自　检	互　检
1							
2							
3							
4							
5							

五、评价

以小组为单位，展示本组安装成果。根据表 5-14 进行评分。

表 5-14　任务测评表

评分内容		分值	评　分		
			自我评分	小组评分	教师评分
故障分析	故障分析思路清晰	20			
	准确标出最小故障范围				
故障排除	用正确的方法排除故障点	50			
	检修中不扩大故障范围或产生新的故障，一旦发生，能及时自行修复				
	工具、设备无损伤				
通电调试	设备正常运转无故障	20			
	故障未排除的，及时独立发现问题并解决				
安全文明生产	遵守安全文明生产规程	10			
	施工完成后认真清理现场				
施工额定用时________；实际用时________；超时扣分________					
合　计					

学习活动 4　工作总结与评价

学习目标

1. 能以小组形式，对学习过程和实训成果进行汇报总结。
2. 完成对学习过程的综合评价。

建议课时：4 课时

学习过程

一、工作总结

以小组为单位，选择演示文稿、展板、海报、录像等形式中的一种或几种，向全班展示、汇报学习成果。

二、综合评价（见表 5-15）

表 5-15　综合评价表

评价项目	评价内容	评价标准	评价方式		
			自我评价	小组评价	教师评价
职业素养	安全意识、责任意识	A. 作风严谨、自觉遵章守纪、出色地完成工作任务 B. 能够遵守规章制度、较好地完成工作任务 C. 遵守规章制度、没完成工作任务，或虽完成工作任务但未严格遵守或忽视规章制度 D. 不遵守规章制度，没完成工作任务			

续表

评价项目	评价内容	评价标准	评价方式		
			自我评价	小组评价	教师评价
职业素养	学习态度主动	A. 积极参与教学活动，全勤 B. 缺勤达本任务总学时的 10% C. 缺勤达本任务总学时的 20% D. 缺勤达本任务总学时的 30%			
	团队合作意识	A. 与同学协作融洽、团队合作意识强 B. 与同学沟通、协同工作能力较强 C. 与同学沟通、协同工作能力一般 D. 与同学沟通困难、协同工作能力较差			
专业能力	学习活动 1 明确工作任务	A. 按时、完整地完成工作页，问题回答正确，数据记录、图样绘制准确 B. 按时、完整地完成工作页，问题回答基本正确，数据记录、图样绘制基本准确 C. 未能按时完成工作页，或内容遗漏、错误较多 D. 未完成工作页			
	学习活动 2 施工前的准备	A. 学习活动评价成绩为 90～100 分 B. 学习活动评价成绩为 75～89 分 C. 学习活动评价成绩为 60～74 分 D. 学习活动评价成绩为 0～59 分			
	学习活动 3 现场施工	A. 学习活动评价成绩为 90～100 分 B. 学习活动评价成绩为 75～89 分 C. 学习活动评价成绩为 60～74 分 D. 学习活动评价成绩为 0～59 分			
创新能力		学习过程中提出具有创新性、可行性的建议	加分奖励：		
学生姓名			综合评定等级		
指导教师			日　期		

学习任务6 M7120型平面磨床电气控制线路的安装与调试

学习目标

1. 能通过阅读工作任务联系单和现场勘查，明确工作任务要求。

2. 能正确识读电气原理图，绘制安装图、接线图，明确M7120型平面磨床电气控制线路的控制过程及工作原理。

3. 能按图样、工艺要求、安全规范等正确安装元器件、完成接线。

4. 能正确使用仪表检测电路安装的正确性，按照安全操作规程完成通电试车。

5. 能正确标注有关控制功能的铭牌标签，施工后能按照管理规定清理施工现场。

建议课时：40课时

工作场景描述

学校机电工程系有2台M7120型平面磨床，因线路严重老化，要对其电气线路进行改造。后勤处对电工班布置了工作任务，要求在一周内完成M7120型平面磨床电气控制线路的安装及调试工作。

工作流程与活动

1. 明确任务和勘查现场。
2. 施工前的准备。
3. 现场施工。
4. 工作总结与评价。

学习活动1 明确工作任务

学习目标

1. 能通过阅读工作任务联系单，明确工作内容、工时等要求。
2. 能描述M7120型平面磨床的基本功能、主要结构及运动形式。

建议课时：4 课时

学习过程

一、阅读工作任务联系单

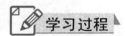

阅读工作任务联系单，说出本次任务的工作内容、时间要求及交接工作的相关负责人等信息，并根据实际情况补充完整，如表 6-1 所示。

表 6-1 工作任务联系单

2014 年 3 月 10 日　　　　　　　　　　　　　　　　　　　　　　　　　　No.0089

报修项目	楼房号	18 号楼	报修人	李红斌	联系电话	3817127
	报修事项：机械系有 2 台平面磨床因线路严重老化，要对其电气线路进行改造，要求一周内完成平面磨床电气控制线路的安装与调试工作					
	报修时间	3.10	要求完成时间	3.17	派单人	张军
维修项目	接单人		维修开始时间		维修完成时间	
	维修部位			维修人员签字		
	维修结果			班组长签字		
验收项目	维修人员工作态度是否端正：是□ 否□ 本次维修是否已解决问题：是□ 否□ 是否按时完成：是□ 否□ 客户评价：非常满意□ 基本没有□ 不满意□ 客户建议或意见：________________ ________________ 客户签字：					

二、认识 M7120 型平面磨床

磨床是用砂轮周边或端面对工件进行机械加工的精密机床，它不仅能加工一般金属材料，而且能加工淬火钢或硬质合金等高硬度材料。

（1）写出 M7120 型平面磨床的型号中字母及数字所代表的含义。

M　7　1　30

______ ______ ______ ______

（2）到车间观看 M7120 型平面磨床的操作演示，到网上搜索 M7120 型平面磨床的图片或操作视频，了解机床的结构及操作过程。在图 6-1 上标出 M7120 型平面磨床的主要结构。

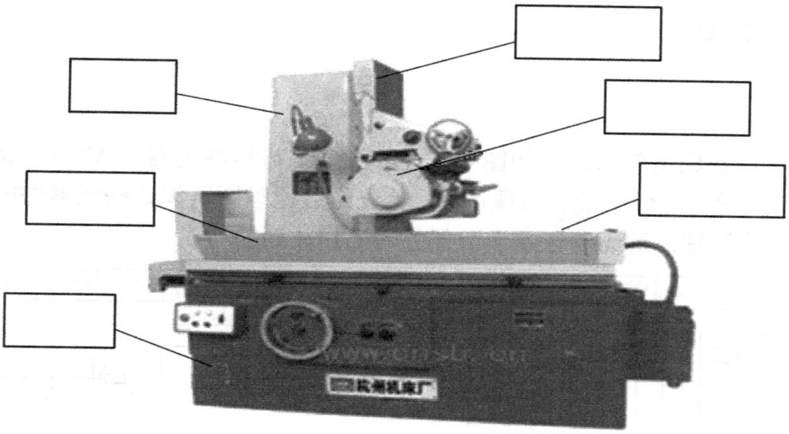

图 6-1 M7120 型平面磨床的外形及结构

（3）M7120 型平面磨床的运动形式是什么？

（4）两台需要改造的磨床位于车间的哪个位置？应该如何准备足够的施工空间？

（5）你准备采取哪些途径去了解机床的实际情况？

学习活动 2 施工前的准备

学习目标

1．认识 M7120 型平面磨床使用的元器件，能描述其基本功能、结构和应用特点。
2．能正确识读电气原理图，分析控制器件的动作过程和电路的控制原理。
3．能正确绘制元器件布置图和接线图。
4．能根据任务要求和实际情况，合理制订工作计划。

建议课时：10 课时

学习过程

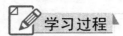

M7120 型平面磨床电气原理图如图 6-2 所示，KV（电压继电器）、VC（整流桥）、YH（电磁吸盘）等是前面学习任务中没有出现过的。首先结合原理图认识这些元器件的功能特点，然后分析电路的工作原理，进而制订本学习任务的工作计划。

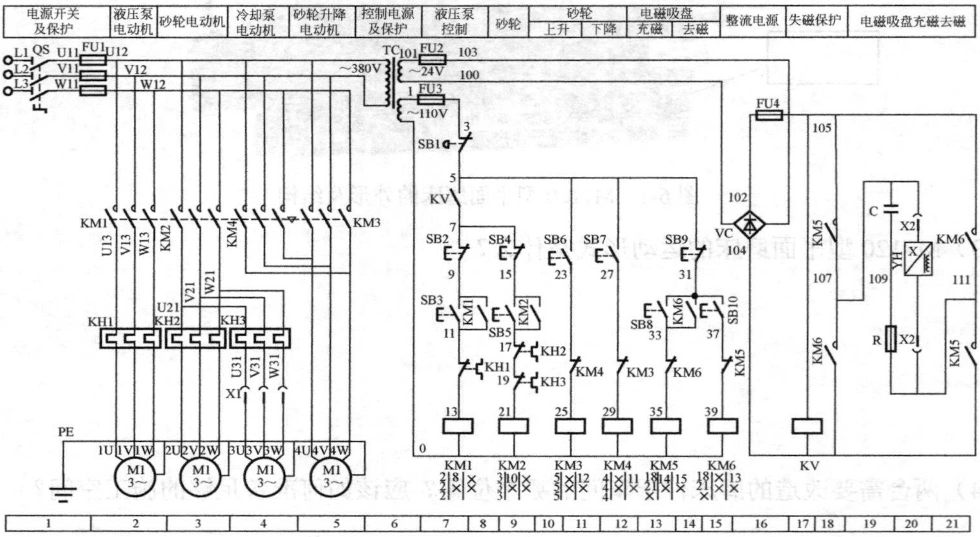

图 6-2　M7120 型平面磨床电气原理图

一、认识元器件

(1) 电压继电器是一种根据电压变化而动作的继电器，在电路中用符号 KV 表示。

① 查阅资料，对照实物或模型，认识电压继电器的结构，将图 6-3 补充完整。

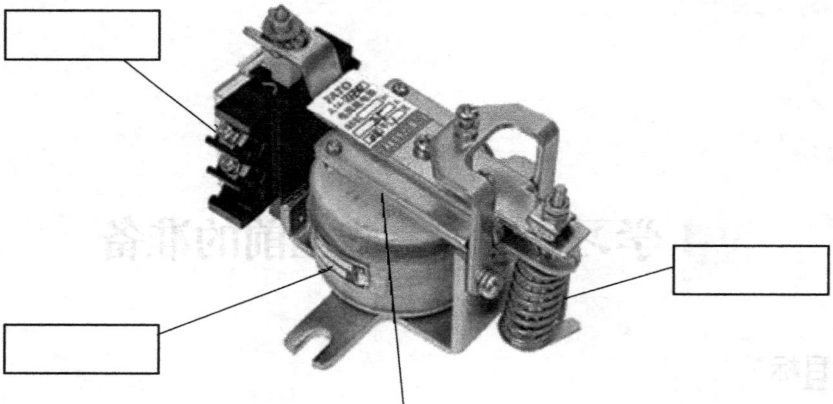

图 6-3　电压继电器

② 简述电压继电器线圈与触点在电路中的连接方式。

③ 电压继电器是如何实现欠电压保护功能的?

④ 电压继电器的常开触点何时闭合，若不闭合，对电路有何影响?

（2）图 6-2 中的 VC 称为整流桥，它实质上是一个整流电路，请对照 M7120 型平面磨床电气原理图，在图 6-4 中画出具体的整流电路。

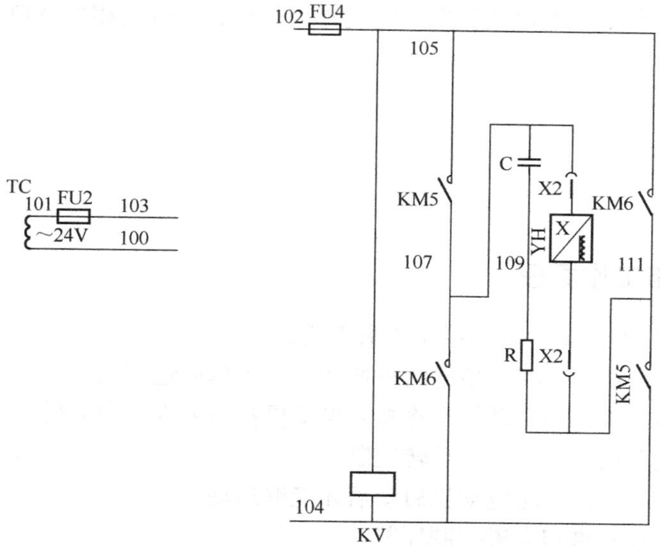

图 6-4　整流电路

（3）图 6-4 中的 YH 表示电磁吸盘。电磁吸盘是一种固定加工工件的夹具。它与机械夹紧装置相比，优点是操作快捷，不损伤工件并能同时吸牢多个小工件，在加工过程中发热工件可以自由伸缩。存在的主要问题是必须使用直流电源和不能吸牢非磁性材料小件。

① 对照实物或模型，查阅相关资料，认识电磁吸盘的结构，将图 6-5 补充完整。

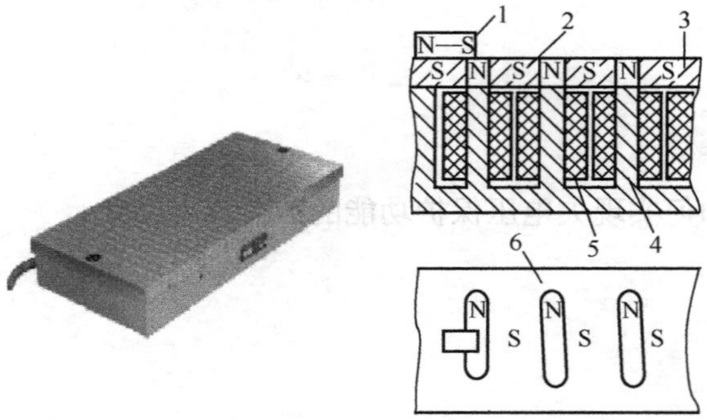

1——　　2——　　3——

4——　　5——　　6——

图 6-5　电磁吸盘的结构

② 查阅相关资料，了解电磁吸盘的使用方法。加工时为了吸住工件，应对电磁吸盘做什么操作？加工完毕，为了取下工件，又应对电磁吸盘做什么操作？

（4）电路中 RC 组成阻容吸收回路，它的作用是什么，查阅相关资料说明。

二、分析电路工作原理

（1）M7120 型平面磨床的电气控制要求主要如下。

① 砂轮的旋转用一台三相异步电动机拖动，要求单向连续运行。

② 砂轮电动机、液压泵电动机和冷却泵电动机都只要求单向旋转。

③ 砂轮升降电动机要求能正、反转控制。

④ 却泵电动机只有在砂轮电动机启动后才能够启动。

⑤ 电磁吸盘应有充磁和去磁控制环节。

根据图 6-2，对照上述控制要求，分析电路的工作原理，理解电路中是如何实现上述要求的。参照给定实例，完成表 6-2。

表 6-2

序号	被控对象	控制电路：交流接触器	简述工作原理
1	液压泵电动机	KM1	按下 SB3→KM1 自锁→M1 运转→液压泵开始工作； 按下 SB2→KM1 失电→M1 停转→液压泵停止工作
2	砂轮电动机		
3	砂轮升降电动机		
4	电磁吸盘（充磁）		
	电磁吸盘（退磁）		

（2）在图 6-6 中分别用蓝笔标出充磁、退磁回路，用红笔标出 YH 的正、负极性。

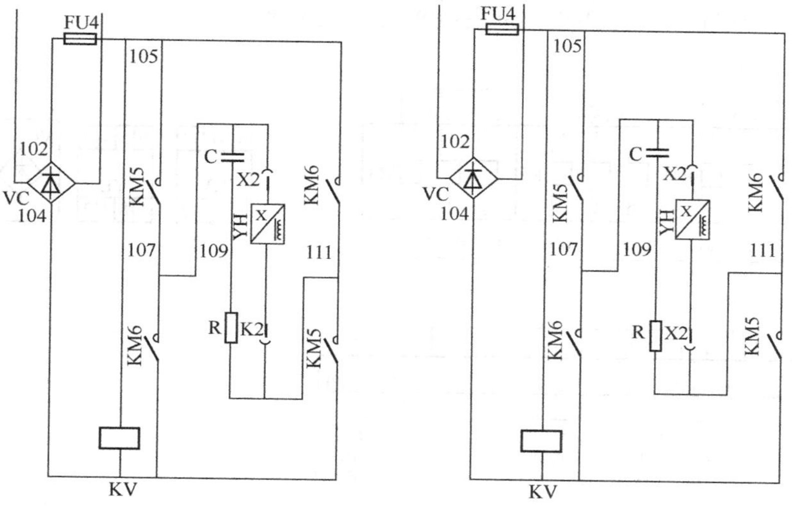

(a) 标出充磁回路　　(b) 标出退磁回路

图 6-6　充磁、退磁回路

（3）简述充磁时 YH 的工作过程。

（4）简述退磁时 YH 的工作过程。

三、绘制配电盘施工的布置图和接线图

主电路接线图如图 6-7 所示。

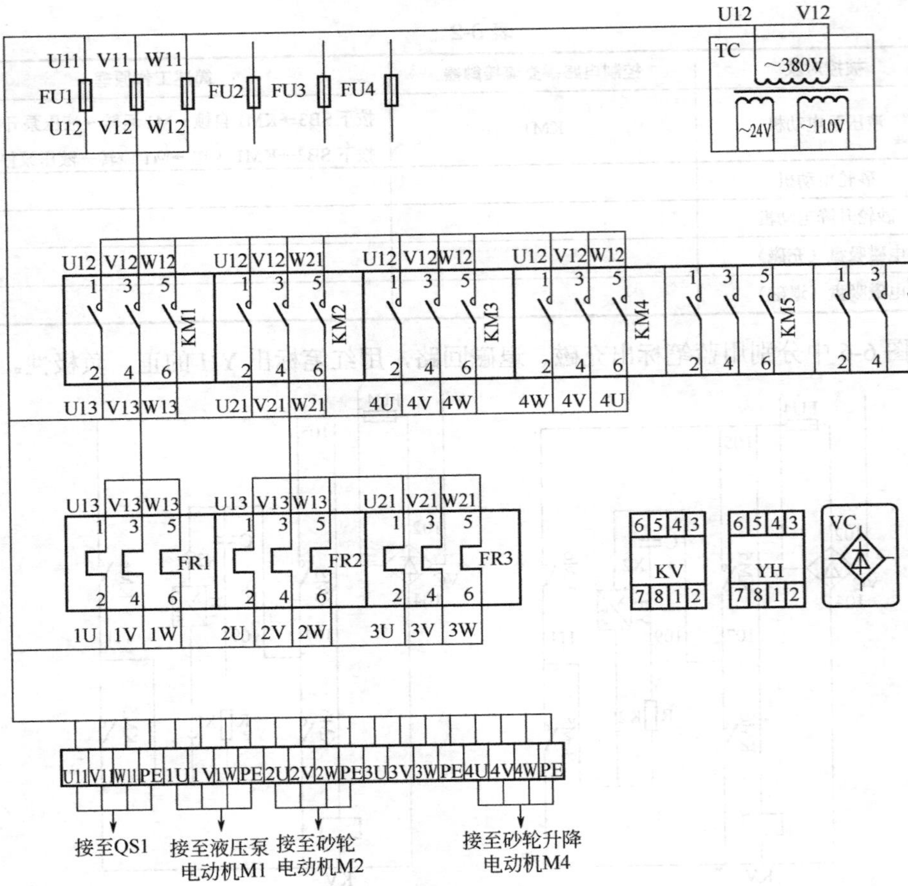

图 6-7　主电路接线图

四、制订工作计划

“M7120 型平面磨床电气控制线路的安装与调试”工作计划

一、人员分工

1．小组负责：____________

2．小组成员及分工

姓　名	分　工

二、工具及材料清单

序　号	工具或材料名称	单　位	数　量	备　注

三、工序及工期安排

序　号	工作内容	完成时间	备　注

四、安全防护措施

五、评价

以小组为单位，展示本组制订的工作计划。然后在教师点评基础上对工作计划进行修改完善，并根据表 6-3 的评分标准进行评分。

表 6-3　测评表

评价内容	分值	评　分		
		自我评价	小组评价	教师评价
计划制订是否有条理	10			
计划是否全面、完善	10			
人员分工是否合理	10			
任务要求是否明确	20			
工具清单是否正确、完整	20			
材料清单是否正确、完整	20			
团结协作	10			
合　计				

学习活动 3　现场施工

学习目标

1．能按图样、工艺要求、安全规范和设备要求，安装元器件并接线。

2．能用仪表检查电路安装的正确性并通电试车。

3．施工完毕能清理现场，能正确填写工作记录并交付验收。

建议课时：22 课时

学习过程

一、安装元器件和布线

本工作任务中元器件的安装工艺、步骤、方法及要求与前面任务基本相同。对照前面任务中电气设备控制线路的安装步骤和工艺要求，完成安装任务。

（1）前面任务没有涉及电压继电器、整流桥和电磁吸盘的安装，查阅相关资料，了解它们的安装方法，把要点记录下来。

（2）结合实际操作，回答以下问题。

① 三相电源进线如何接到控制面板？

② 主熔断器 FU1 进线应接到何处？为何不能直接连到 QS1 的接线桩？

③ 电动机 M1、M2、M3、M4 等的引出线是否能与控制面板上元器件的接线桩直接相连，为什么？

④ 如果交流接触器 KM1～KM6 错选了 220 V 线圈，会出现什么后果?

⑤ 从接线端子到控制按钮的走线，外部要用哪种材料进行保护?

⑥ 整流桥 VC 应如何接线?

⑦ 电磁吸盘 YH 及其 RC 保护装置等应如何接线?

（3）安装过程中遇到了哪些问题，你是如何解决的，在表 6-4 中记录下来。

表 6-4　安装过程的问题及解决方法

所遇到的问题	解决方法

二、安装完毕后进行自检

电路安装完毕后，在断电的情况下，用万用表进行自检和互检，根据测试内容，填写表 6-5。自检无误后，张贴标签，清理现场。

表 6-5　测试情况记录表

序号	测试内容	自检情况记录	互检情况记录
1	用兆欧表对电动机 M1～M4 进行绝缘测试		
2	用万用表对 110V 控制电路进行断电测试		
3	用万用表对 24V 控制电路进行断电测试		

三、通电试车

断电检查无误后，经教师同意，通电试车，观察电动机的运行状态，测量相关技术参数，若存在故障，及时处理。电动机运行正常无误后，标注有关控制功能的铭牌标签，清理工作现场，交付验收人员检查。通电试车过程中，若出现异常现象，应立即停车，按照前面任务中所学的方法步骤进行检修。小组间相互交流一下，将各自遇到的故障现象、故障原因和处理方法记录表 6-6 中。

表 6-6 故障分析、检修记录表

故障现象	故障原因	处理方法

断电测试完毕，在通电情况下进行自检和互检，根据测试内容，填写表 6-7。

表 6-7 测试情况记录表

测试内容	能否启动	能否停止	调试结果（合格或不合格）		记录故障现象	记录检修部位
			自检	互检		
液压泵						
砂轮						
砂轮升降						
电磁吸盘充磁						
电磁吸盘退磁						
冷却泵						

四、项目验收

（1）在验收阶段，各小组派出代表进行交叉验收，并填写详细验收记录，如表 6-8 所示。

表 6-8　验收过程问题记录表

验收问题	整改措施	完成时间	备　注

（2）以小组为单位认真填写任务验收报告，如表 6-9 所示，并将学习活动 1 中的工作任务单填写完整。

表 6-9　M7120 平面磨床电气控制线路安装与调试任务验收报告

工程项目名称				
建设单位			联系人	
地址			电话	
施工单位			联系人	
地址			电话	
项目负责人			施工周期	
工程概况				
现存问题			完成时间	
改进措施				
验收结果	主观评价	客观测试	施工质量	材料移交

五、评价

以小组为单位，展示本组安装成果。根据表 6-10 进行评分。

表 6-10　任务测评表

评分内容		分值	评　分		
			自我评分	小组评分	教师评分
故障分析	故障分析思路清晰	20			
	准确标出最小故障范围				
故障排除	用正确的方法排除故障点	50			
	检修中不扩大故障范围或产生新的故障，一旦发生，能及时自行修复				
	工具、设备无损伤				

续表

评分内容		分值	评分		
			自我评分	小组评分	教师评分
通电调试	设备正常运转无故障	20			
	故障未排除的，及时独立发现问题并解决				
安全文明生产	遵守安全文明生产规程	10			
	施工完成后认真清理现场				
施工额定用时_______；实际用时_______；超时扣分______					
合　计					

学习活动 4　工作总结与评价

学习目标

1．能以小组形式，对学习过程和实训成果进行汇报总结。

2．完成对学习过程的综合评价。

建议课时：4 课时

学习过程

一、工作总结

以小组为单位，选择演示文稿、展板、海报、录像等形式中的一种或几种，向全班展示、汇报学习成果。

二、综合评价（见表 6-11）

表 6-11　综合评价表

评价项目	评价内容	评价标准	评价方式		
			自我评价	小组评价	教师评价
职业素养	安全意识、责任意识	A．作风严谨、自觉遵章守纪、出色地完成工作任务 B．能够遵守规章制度、较好地完成工作任务 C．遵守规章制度、没完成工作任务，或虽完成工作任务但未严格遵守或忽视规章制度 D．不遵守规章制度，没完成工作任务			
	学习态度主动	A．积极参与教学活动，全勤 B．缺勤达本任务总学时的 10% C．缺勤达本任务总学时的 20% D．缺勤达本任务总学时的 30%			
	团队合作意识	A．与同学协作融洽、团队合作意识强 B．与同学沟通、协同工作能力较强 C．与同学沟通、协同工作能力一般 D．与同学沟通困难、协同工作能力较差			

续表

<table>
<tr><th rowspan="2">评价项目</th><th rowspan="2">评价内容</th><th rowspan="2">评价标准</th><th colspan="3">评价方式</th></tr>
<tr><th>自我评价</th><th>小组评价</th><th>教师评价</th></tr>
<tr><td rowspan="3">专业能力</td><td>学习活动1
明确工作任务</td><td>A．按时、完整地完成工作页，问题回答正确，数据记录、图纸绘制准确
B．按时、完整地完成工作页，问题回答基本正确，数据记录、图纸绘制基本准确
C．未能按时完成工作页，或内容遗漏、错误较多
D．未完成工作页</td><td></td><td></td><td></td></tr>
<tr><td>学习活动2
施工前的准备</td><td>A．学习活动评价成绩为90～100分
B．学习活动评价成绩为75～89分
C．学习活动评价成绩为60～74分
D．学习活动评价成绩为0～59分</td><td></td><td></td><td></td></tr>
<tr><td>学习活动3
现场施工</td><td>A．学习活动评价成绩为90～100分
B．学习活动评价成绩为75～89分
C．学习活动评价成绩为60～74分
D．学习活动评价成绩为0～59分</td><td></td><td></td><td></td></tr>
<tr><td colspan="2">创新能力</td><td>学习过程中提出具有创新性、可行性的建议</td><td colspan="3">加分奖励：</td></tr>
<tr><td colspan="2">学生姓名</td><td></td><td>综合评定等级</td><td colspan="2"></td></tr>
<tr><td colspan="2">指导教师</td><td></td><td>日　期</td><td colspan="2"></td></tr>
</table>

学习任务 7 M7120型平面磨床电气控制线路的检修

学习目标

1. 能通过阅读设备维修任务单和现场勘查，记录故障现象，明确维修工作内容。

2. 能根据故障现象和M7120型平面磨床电气原理图，分析故障范围，查找故障点，合理制订维修工作计划。

3. 能够熟练运用常用的故障排除方法排除故障。

4. 能正确填写维修记录。

建议课时：20课时

工作场景描述

学校校办工厂机加工车间有大量机床，为保证设备的正常运行，需要电工班成员能熟悉设备的原理、操作和特点，对其进行定期巡检，并能在第一时间对出现故障的设备进行及时检修、排除故障。今天有一台型号为M7120型平面磨床出现故障，为避免影响生产，车间负责人要求电工班在两小时内修复机床。

工作流程与活动

1. 明确工作任务。
2. 施工前的准备。
3. 现场施工。
4. 工作总结与评价。

学习活动1 明确工作任务

学习目标

1. 能通过阅读设备维修任务单，明确工作内容、工时等要求。
2. 能通过现场勘查及与机床操作人员沟通，明确故障现象并做好记录。

建议课时：4 课时

学习过程

一、阅读设备维修任务单

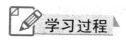

请认真阅读工作情景描述，查阅相关资料，依据故障现象描述或现场观察，组织语言自行填写设备维修任务单，如表 7-1 所示。

表 7-1 设备维修任务单

No：

编号：99999

<table>
<tr><td colspan="8">用户资料栏</td></tr>
<tr><td colspan="2">用户单位</td><td colspan="2">校办工厂机加工车间</td><td colspan="2">联系人</td><td colspan="2"></td></tr>
<tr><td colspan="2">购买日期</td><td colspan="2"></td><td colspan="2">联系电话</td><td colspan="2"></td></tr>
<tr><td colspan="2">产品型号</td><td colspan="2">M7120 型平面磨床</td><td colspan="2">机身号</td><td colspan="2"></td></tr>
<tr><td colspan="2">报修日期</td><td colspan="6"></td></tr>
<tr><td colspan="2">故障现象</td><td colspan="6"></td></tr>
<tr><td colspan="2">维修要求</td><td colspan="6"></td></tr>
<tr><td colspan="8">维修资料栏</td></tr>
<tr><td rowspan="10">维修内容</td><td>故障现象</td><td colspan="6"></td></tr>
<tr><td>维修情况</td><td colspan="6"></td></tr>
<tr><td rowspan="5">元器件更换情况</td><td>元器件编码</td><td>元器件名称</td><td>单　位</td><td>数　量</td><td>金　额</td><td>备　注</td></tr>
<tr><td></td><td></td><td></td><td></td><td></td><td rowspan="5"></td></tr>
<tr><td></td><td></td><td></td><td></td><td></td></tr>
<tr><td></td><td></td><td></td><td></td><td></td></tr>
<tr><td></td><td></td><td></td><td></td><td></td></tr>
<tr><td rowspan="2">维修结果</td><td></td><td></td><td></td><td></td><td></td></tr>
<tr><td colspan="6"></td></tr>
</table>

执行部门：　　　　　　　　　　维修员：　　　　　　　　　　签收人：

二、调查故障及勘查施工现场

（1）询问机床操作人员哪些运动部件工作不正常，观看机床操作过程，记录 M7120 型平面磨床上运动部件所呈现的外部故障现象。

（2）除记录现象外，还要进行哪些初步检查？

（3）进一步观察故障，找到故障的内在原因。例如，磨床砂轮电动机不能启动，产生这一故障的原因有多种，所涉及的电路范围也会是多处，因此在操作工按下砂轮启动按钮时，应该打开电箱，观察交流接触器是否吸合。如果接触器未吸合，则故障在控制电路；如果接触器吸合，则故障在主电路。了解这些情况，可以为下一步制定维修方案做好准备，即依据电气原理图和所了解的故障情况，对故障产生的可能原因和所涉及的部位做出初步的分析和判断，并在电气原理图上标出最小故障范围。在下方空白处，写出 M7120 型平面磨床故障可能的内在原因。

学习活动 2　施工前的准备

学习目标

1．能根据技术资料，分析故障原因。

2．能合理制订设备维修工作计划。

建议课时：6 课时

学习过程

一、故障分析

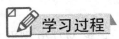

请根据所做的故障调查内容，对故障可能的原因和所涉及的电路区域进行分析并做出初步判断。分析电气原理图，写出故障所在电路的区间。分析过程中，注意查阅相关资料，了解 M7120 型平面磨床常见的故障现象、原因及检修方法。

二、制订工作计划

根据任务要求和施工图样，结合现场勘查的实际情况，制订小组工作计划。

“M7120型平面磨床电气控制线路的检修”工作计划

一、人员分工

1. 小组负责：________________

2. 小组成员及分工

姓　名	分　工

二、工具及材料清单

序　号	工具或材料名称	单　位	数　量	备　注

三、工序及工期安排

序　号	工作内容	完成时间	备　注

四、安全防护措施

三、评价

以小组为单位，展示本组制订的工作计划。然后在教师点评的基础上对工作计划进行修改完善，并根据表7-2的评分标准进行评分。

表 7-2　测评表

评价内容	分值	评　分		
		自我评价	小组评价	教师评价
计划制订是否有条理	10			
计划是否全面、完善	10			
人员分工是否合理	10			
任务要求是否明确	20			
工具清单是否正确、完整	20			
材料清单是否正确、完整	20			
团结协作	10			
合　计				

学习活动 3　现场施工

学习目标

1．能采用适当的方法查找故障点并排除故障。

2．能正确使用万用表进行线路检测，完成通电试车，交付验收。

3．能正确填写维修记录。

建议课时：6 课时

学习过程

一、排除线路故障

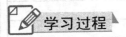

根据上一活动中的初步判断，采用适当的检查方法，找出故障点并排除。在排除故障过程中，严格执行安全操作规范，文明作业、安全作业，并填写表 7-3。

表 7-3　测试记录表

步骤	测试内容	测试结果	结论和下一步措施

二、自检、互检和试车

故障检修完毕后，进行自检、互检，经教师同意，在机床操作工或教师的辅助下通电试车。如表7-4所示记录自检和互检的情况。

表7-4 故障检修记录表

故障范围是否正确		检查方法是否正确		是否修复故障	
自　检	互　检	自　检	互　检	自　检	互　检

三、工程验收

（1）在验收阶段，各小组派出代表进行交叉验收，并填写详细的验收记录，如表7-5所示。

表7-5 验收过程问题记录表

验收问题	整改措施	完成时间	备　注

（2）以小组为单位认真填写任务验收报告，如表7-6所示，并将学习活动1中的工作任务单填写完整。

表7-6 M7120型平面磨床电气控制线路安装与调试任务验收报告

工程项目名称				
建设单位		联系人		
地址		电话		
施工单位		联系人		
地址		电话		
项目负责人		施工周期		
工程概况				
现存问题		完成时间		
改进措施				
验收结果	主观评价	客观测试	施工质量	材料移交

四、其他故障分析与练习

（1）除了本任务工作情景中涉及的故障现象外，实际应用中，机床还可能出现其他各式各样的故障情况。以下是M7120型平面磨床几种典型的故障现象，查询相关资料，分析故障原因、判断故障范围、简述处理方法，填写表 7-7，并在教师指导下，进行实际排故训练。

表 7-7　故障分析及检修记录表

故障现象描述	故障范围	分析原因	处理方法
砂轮电动机 只能点动运转			
砂轮升降电动机 只能上升			
电磁吸盘既不能充磁也 不能退磁			
整机不工作			
刀架不能 快速移动			

（2）故障练习完毕，进行自检和互检，根据测试内容，填写表 7-8。

表 7-8　故障分析及检修记录表

序号	故障现象	故障范围是否正确		检修方法是否正确		是否修复故障	
		自　检	互　检	自　检	互　检	自　检	互　检
1							
2							
3							
4							
5							
6							
7							
8							
9							

五、评价

以小组为单位，展示本组安装成果。根据表 7-9 进行评分。

表 7-9　任务测评表

评分内容		分值	评　分		
			自我评分	小组评分	教师评分
故障分析	故障分析思路清晰	20			
	准确标出最小故障范围				
故障排除	用正确的方法排除故障点	50			
	检修中不扩大故障范围或产生新的故障，一旦发生，能及时自行修复				
	工具、设备无损伤				
通电调试	设备正常运转无故障	20			
	故障未排除的，及时独立发现问题并解决				

续表

评分内容		分值	评分		
			自我评分	小组评分	教师评分
安全文明生产	遵守安全文明生产规程	10			
	施工完成后认真清理现场				
施工额定用时_______；实际用时_______；超时扣分______					
合　计					

学习活动 4　工作总结与评价

学习目标

1. 能以小组形式，对学习过程和实训成果进行汇报总结。
2. 完成对学习过程的综合评价。

建议课时：4 课时

学习过程

一、工作总结

以小组为单位，选择演示文稿、展板、海报、录像等形式中的一种或几种，向全班展示、汇报学习成果。

二、综合评价（见表 7-10）

表 7-10　综合评价表

评价项目	评价内容	评价标准	评价方式		
			自我评价	小组评价	教师评价
职业素养	安全意识、责任意识	A．作风严谨、自觉遵章守纪、出色地完成工作任务 B．能够遵守规章制度、较好地完成工作任务 C．遵守规章制度、没完成工作任务，或虽完成工作任务但未严格遵守或忽视规章制度 D．不遵守规章制度，没完成工作任务			
	学习态度主动	A．积极参与教学活动，全勤 B．缺勤达本任务总学时的 10% C．缺勤达本任务总学时的 20% D．缺勤达本任务总学时的 30%			
	团队合作意识	A．与同学协作融洽、团队合作意识强 B．与同学沟通、协同工作能力较强 C．与同学沟通、协同工作能力一般 D．与同学沟通困难、协同工作能力较差			

续表

<table>
<tr><th rowspan="2">评价项目</th><th rowspan="2">评价内容</th><th rowspan="2">评价标准</th><th colspan="3">评价方式</th></tr>
<tr><th>自我评价</th><th>小组评价</th><th>教师评价</th></tr>
<tr><td rowspan="3">专业能力</td><td>学习活动 1
明确工作任务</td><td>A．按时、完整地完成工作页，问题回答正确，数据记录、图纸绘制准确
B．按时、完整地完成工作页，问题回答基本正确，数据记录、图纸绘制基本准确
C．未能按时完成工作页，或内容遗漏、错误较多
D．未完成工作页</td><td></td><td></td><td></td></tr>
<tr><td>学习活动 2
施工前的准备</td><td>A．学习活动评价成绩为 90～100 分
B．学习活动评价成绩为 75～89 分
C．学习活动评价成绩为 60～74 分
D．学习活动评价成绩为 0～59 分</td><td></td><td></td><td></td></tr>
<tr><td>学习活动 3
现场施工</td><td>A．学习活动评价成绩为 90～100 分
B．学习活动评价成绩为 75～89 分
C．学习活动评价成绩为 60～74 分
D．学习活动评价成绩为 0～59 分</td><td></td><td></td><td></td></tr>
<tr><td colspan="2">创新能力</td><td>学习过程中提出具有创新性、可行性的建议</td><td colspan="3">加分奖励：</td></tr>
<tr><td colspan="2">学生姓名</td><td>　　　　　　　　综合评定等级</td><td colspan="3"></td></tr>
<tr><td colspan="2">指导教师</td><td>　　　　　　　　日　期</td><td colspan="3"></td></tr>
</table>

学习任务 8 Z3050 型摇臂钻床电气控制线路的安装与调试

学习目标

1. 能通过阅读工作任务联系单和现场勘查，明确工作任务要求。
2. 能正确识读电气原理图，绘制安装图、接线图，明确 Z3050 型摇臂钻床电气控制线路的控制过程及工作原理。
3. 能按图样、工艺要求、安全规范等正确安装元器件、完成接线。
4. 能正确使用仪表检测电路安装的正确性，按照安全操作规程完成通电试车。
5. 能正确标注有关控制功能的铭牌标签，施工后能按照管理规定清理施工现场。

建议课时：40 课时

工作场景描述

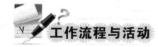

校企合作单位有六台 Z3050 型摇臂钻床因长期使用元器件老化，经双方协商决定由学院电气工程系承担，系委派电气自动化设备安装与维修班对其电气控制部分进行重新安装、接线与调试（施工周期 8 天），按规定期限完成验收交付使用。

工作流程与活动

1. 明确工作任务。
2. 施工前的准备。
3. 现场施工。
4. 工作总结与评价。

学习活动 1 明确工作任务

学习目标

1. 能通过阅读工作任务联系单，明确工作任务内容、工时等要求。
2. 能描述 Z3050 型摇臂钻床的基本功能、主要结构及运动形式。

建议课时：4 课时

学习过程

一、阅读工作任务联系单

阅读安装工作任务联系单，如表 8-1 所示说出本次任务的工作内容、时间要求及交接工作的相关负责人等信息，并根据实际情况补充完整。

表 8-1　工作任务联系单

任务名称		委托方	
任务技术描述		施工时间	
		施工地址	
申报单位电话		安装单位电话	
技术协议			

二、认识 Z3050 型摇臂钻床

机械加工过程中经常要加工各种各样的孔，钻床就是一种用途广泛的孔加工机床，它主要用于钻削精度要求不太高的孔，还可以用来扩孔、铰孔、镗孔及攻螺纹等，钻床的结构形式很多，有立式钻床、卧式钻床、台式钻床、深孔钻床等。Z3050 型摇臂钻床是一种常用的立式钻床。

（1）查阅相关资料，结合实物观察，认识 Z3050 型摇臂钻床的结构，将图 8-1 补充完整。

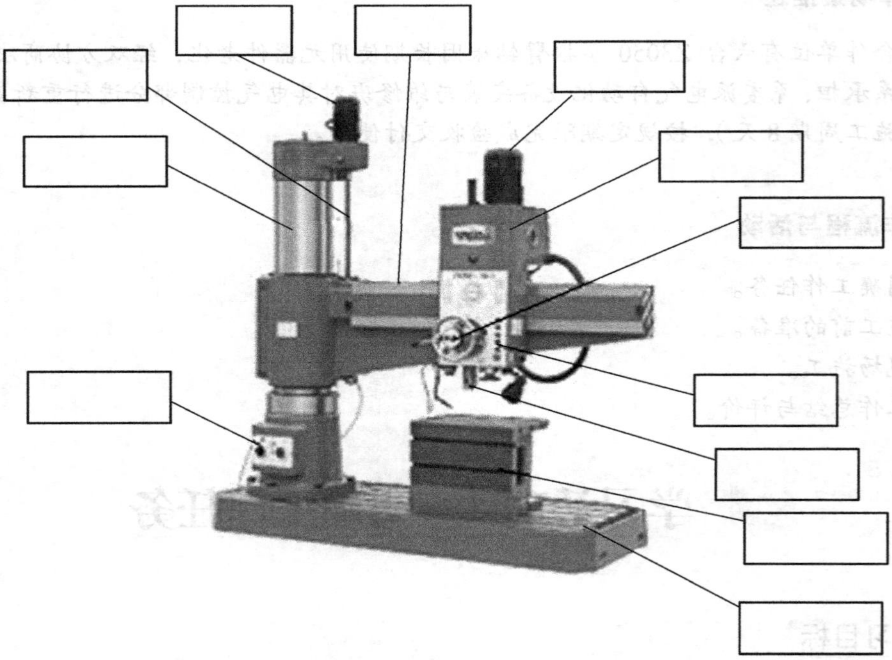

图 8-1　Z3050 型摇臂钻床的外形及结构

（2）查阅相关资料并观察教师演示操作，Z3050型摇臂钻床的主要运动形式有哪些？

（3）为保证安装、调试工作顺利进行，厂方应提供哪些技术资料？需要与企业协调哪些事项？

（4）对施工现场还要进行哪些勘查？记录哪些数据？

学习活动2　施工前的准备

学习目标

1．能正确识读Z3050型摇臂钻床电气原理图，分析控制元器件的动作过程和电路的控制原理。

2．能根据任务要求和实际情况，合理制订工作计划。

建议课时：6 课时

学习过程

一、请结合图样（见图 8-2~图 8-5）回答下列问题

（1）Z3050 型摇臂钻床共有四台电动机，分别起什么作用?各自采用什么样的运转方式?

（2）YA1、YA2 起什么作用?

（3）行程开关 SQ2 起什么作用?

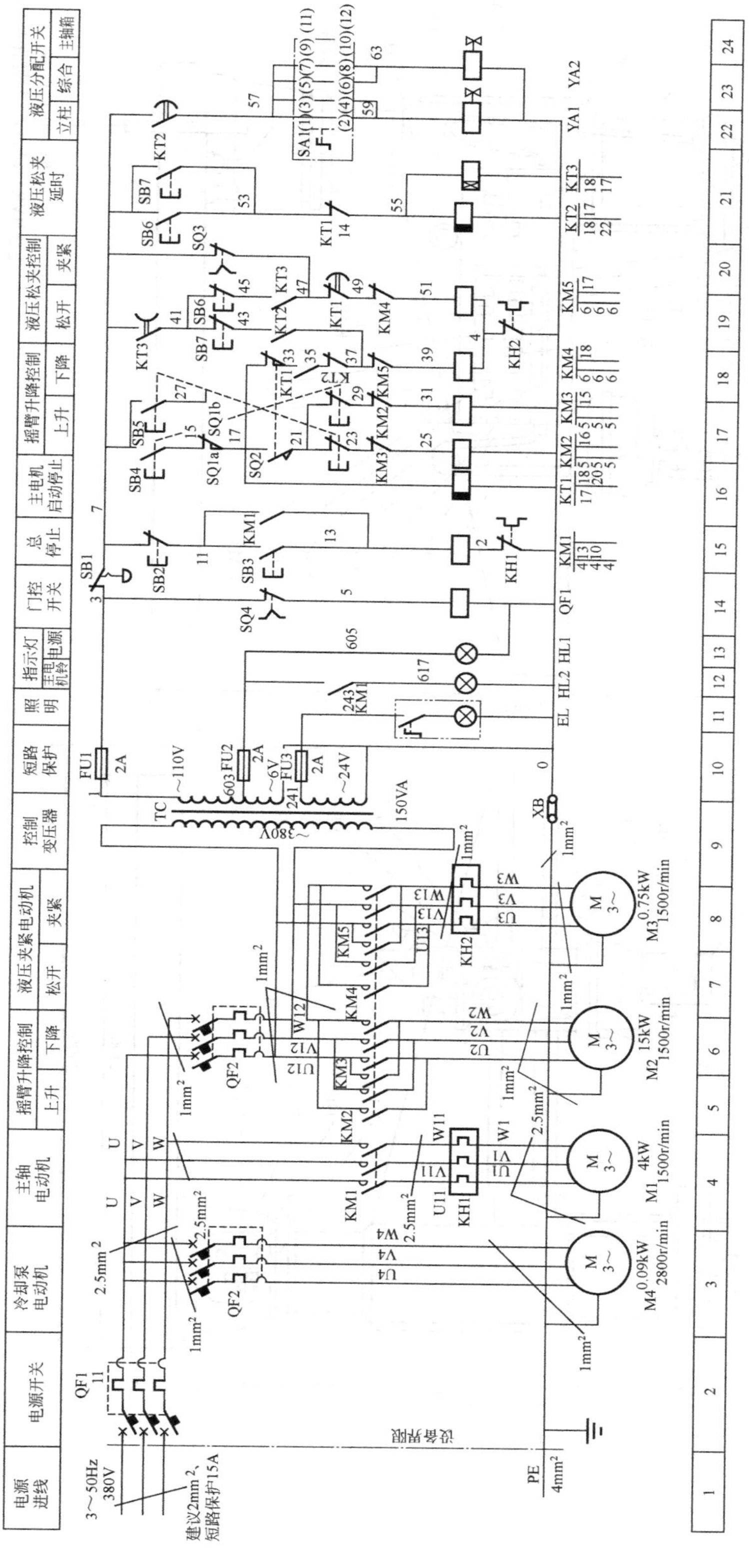
电源进线
电源开关
冷却泵电动机
主轴电动机
摇臂升降控制
上升
下降
液压夹紧电动机
松开
夹紧
控制变压器
短路保护
照明
指示灯
主电机
电源
门控开关
总停止
主电机启动停止
摇臂升降控制
上升
下降
液压松夹控制
松开
夹紧
液压松夹延时
液压分配开关
立柱
综合
主轴箱
3～50Hz
380V
建议2mm²、短路保护15A
设备界限
PE
4mm²
M4 0.09kW 2800r/min
M1 4kW 1500r/min
M2 1.5kW 1500r/min
M3 0.75kW 1500r/min
150VA
~380V
~110V
~6V
~24V

图 8-2 电气原理图

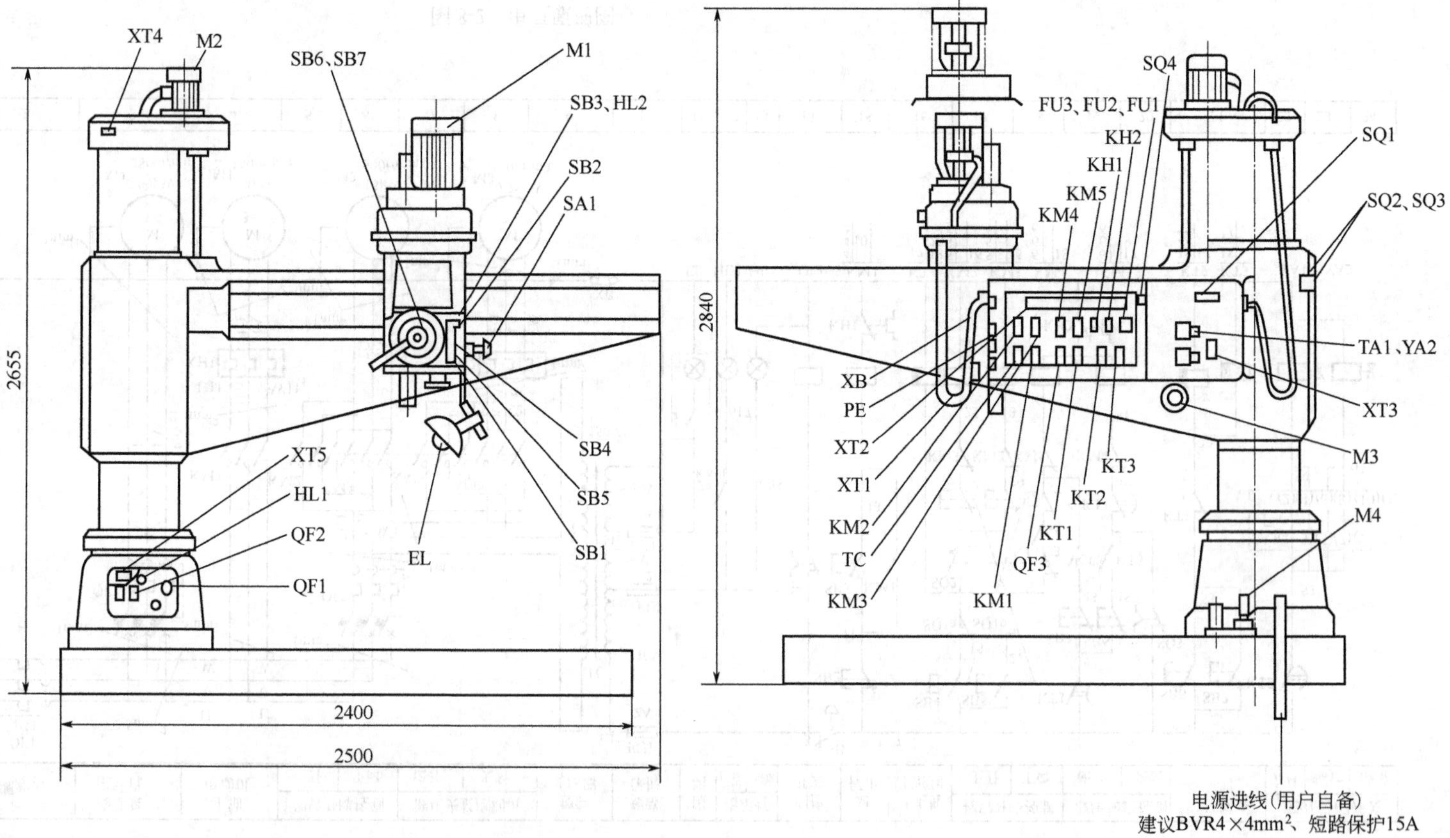
XT4
M2
SB6、SB7
M1
SB3、HL2
SB2
SA1
SB4
SB5
SB1
EL
XT5
HL1
QF2
QF1
2655
2400
2500
2840
SQ4
FU3、FU2、FU1
KH2
KH1
KM5
KM4
SQ1
SQ2、SQ3
TA1、YA2
XT3
M3
M4
XB
PE
XT2
XT1
KM2
TC
KM3
KM1
QF3
KT1
KT2
KT3
电源进线(用户自备)
建议BVR4×4mm²、短路保护15A

图 8-3　结构图

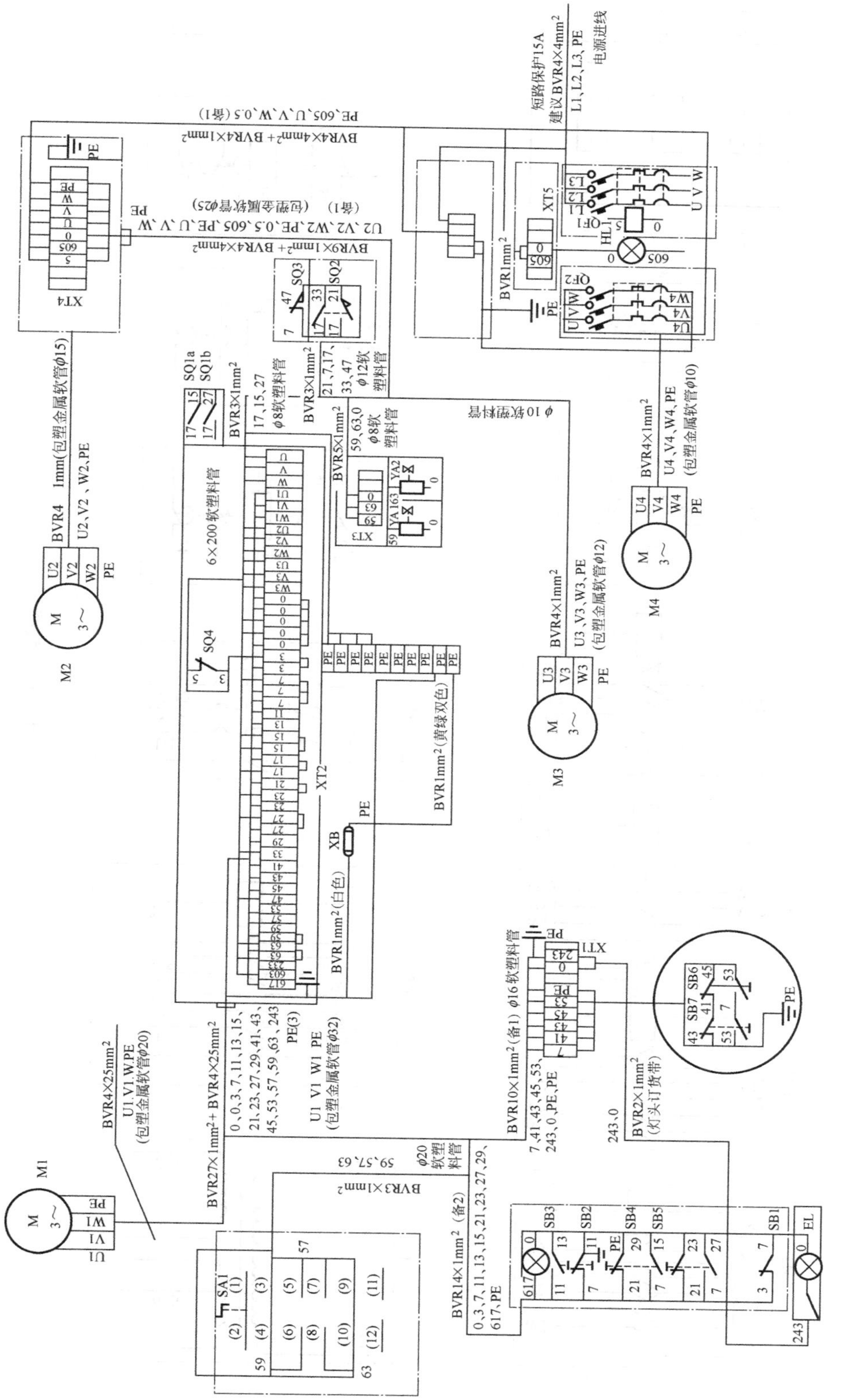
短路保护15A
建议BVR4×4mm²
L1、L2、L3、PE
电源进线
BVR4 1mm(包塑金属软管φ15)
U2、V2、W2、PE
BVR4×4mm²+BVR4×1mm²
PE、605、U、V、W、0.5（备1）
XT1
XT2
XT3
XT4
XT5
QF1
QF2
SQ1a
SQ1b
SQ2
SQ3
SQ4
SA1
SB1
SB2
SB3
SB4
SB5
SB6
SB7
HL
EL
XB
YA1
YA2
M1
M2
M3
M4
BVR1mm²(黄绿双色)
BVR1mm²(白色)
6×200软塑料管
BVR2×1mm²
(灯头订货带)

图 8-4 位置图

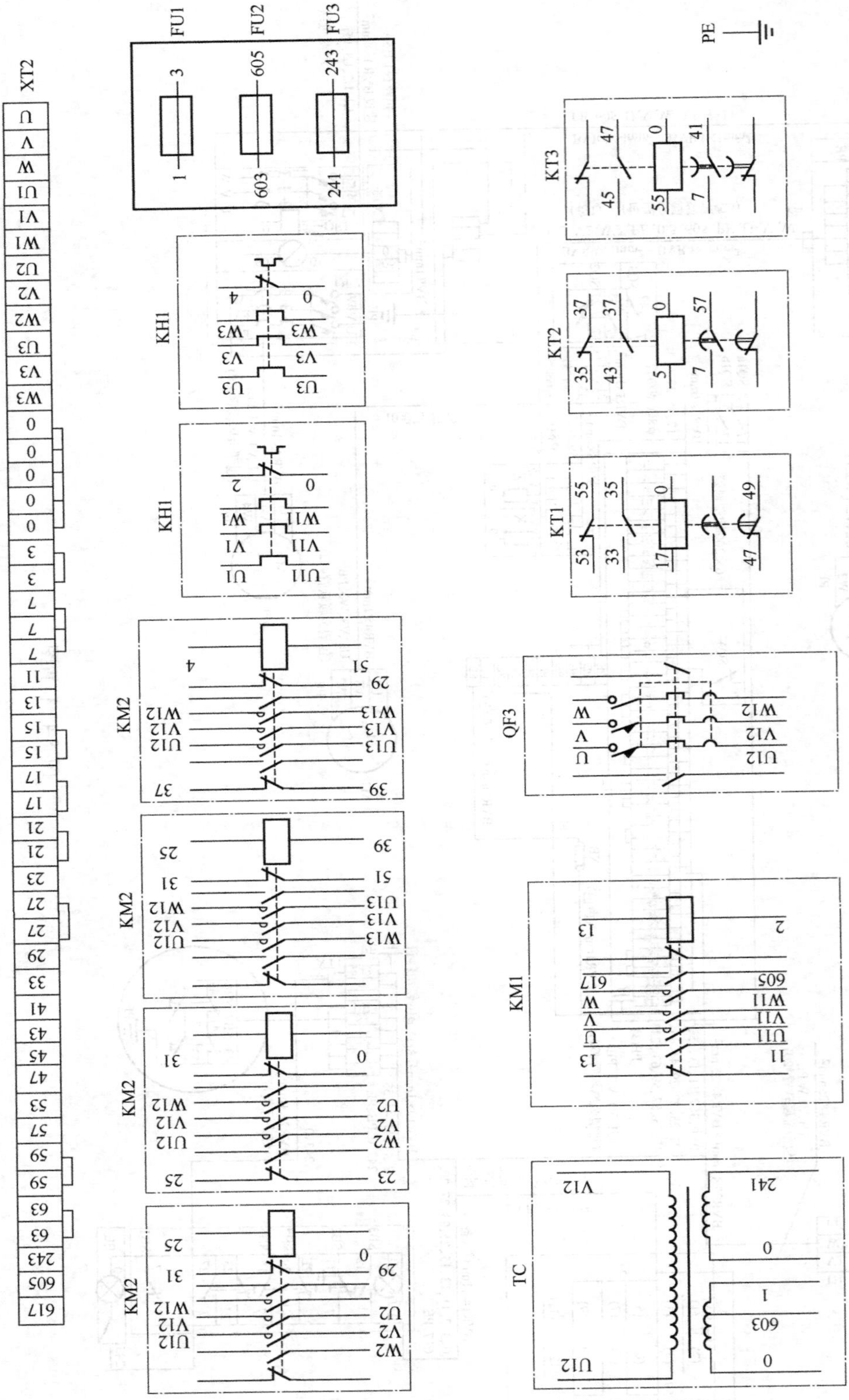

图 8-5 接线图

二、分析电路原理

（1）分析时间继电器 KT1、KT2、KT3 的作用。

（2）描述 Z3050 型摇臂钻床的夹紧放松过程。

（3）画出摇臂上升与下降控制局部电路图并简述其工作过程，如表 8-2 所示。

表 8-2 摇臂升降控制电路图及动作过程

摇臂升降控制电路图	动作过程

（4）结合图样分析，回答以下问题。

① 组合开关 SQ1a 和 SQ1b 作为摇臂升降的位置控制，若两者的安装位置对换，可能产生什么后果？

② Z3050 型摇臂钻床大修后，如果将摇臂升降电动机的三相电源相序接反，可能产生什么后果？

三、制订工作计划

查阅相关资料，了解任务实施的基本步骤，结合实际情况，制订小组工作计划。

“Z3050 型摇臂钻床电气控制线路的安装与调试”工作计划

一、人员分工

1. 小组负责：____________

2. 小组成员及分工

姓　名	分　工

二、工具及材料清单

序　号	工具或材料名称	单　位	数　量	备　注

三、工序及工期安排

序　号	工作内容	完成时间	备　　注

四、安全防护措施

四、评价

以小组为单位，展示本组制订的工作计划。然后在教师点评的基础上对工作计划进行修改完善，并根据表8-3的评分标准进行评分。

表8-3　测评表

评价内容	分值	评　　分		
		自我评价	小组评价	教师评价
计划制订是否有条理	10			
计划是否全面、完善	10			
人员分工是否合理	10			
任务要求是否明确	20			
工具清单是否正确、完整	20			
材料清单是否正确、完整	20			
团结协作	10			
合　　计				

学习活动3　现场施工

学习目标

1．能按图样、工艺要求、安全规范和设备要求，安装元器件并接线。
2．能用仪表检查电路安装的正确性并通电试车。
3．施工完毕能清理现场，能填写工作记录并交付验收。

建议课时：26课时

学习过程

一、安装元器件和布线

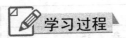

本工作任务中元器件的安装工艺、步骤、方法及要求与前面任务基本相同。对照前面任务中电气设备控制线路的安装步骤和工艺要求，完成安装任务。

（1）画出 Z3050 型摇臂钻床电气控制线路柜内元器件布置图。

（2）写出你采用的元器件安装方法（轨道安装、直接安装）和敷线方式。

（3）安装过程中遇到了哪些问题，你是如何解决的，在表 8-4 中记录下来。

表 8-4　安装过程的问题及解决方法

所遇问题	解决方法

二、安装完毕后进行自检和互检

电路安装完毕，在断电情况下进行自检和互检，根据测试内容，自行设计表格进行记录。

三、试车与验收

1. 断电检查无误后，经教师同意，通电试车，观察电动机的运行状态，测量相关技术参数，若存在故障，及时处理。电动机运行正常无误，交付验收人员检查。通电试车过程中，若出现异常现象，应立即停车，按照前面任务中所学的方法步骤进行检修。小组间相互交流下，将各自遇到的故障现象、故障原因和处理方法记录下来，如表 8-5 所示。

表 8-5 故障检修记录表

故障现象	故障原因	检修思路

2．结合调试情况，填写 Z3050 型摇臂钻床机电单元测试记录表，如表 8-6 所示，留档管理。

表 8-6 Z3050 型摇臂钻床机电单元测试记录表

项目名称：______________ 调试时间：____年____月____日

测试内容 / 机构单元	部件明细	测试机构工艺记录明细	工艺标准（确认）	备注（参数由最终用户缺定）
液压系统单元				
摇臂升降加紧放松系统单元				
主轴及主轴箱机构单元				
人机保护单元				
冷却系统单元				
其他单点调试记录说明				
问题与建议（可以对电气设计提出合理化建议）				

调试结果：____________ 调试人：____________

3．在验收阶段，各小组派出代表进行交叉验收，并填写表 8-7。

表 8-7　Z3050 型摇臂钻床外观及性能验收

检查项目	自检		互检	
	合格	不合格	合格	不合格
元器件选择的正确性				
导线、穿线管选用的正确性				
各元器件、接线端子同定的牢固性				
是否按规定套编码套管				
控制箱内外元器件安装是否符合要求				
有无损坏元器件				
导线通道敷设是否符合要求				
导线敷设是否按照电路图				
有无接地线				
主开关是否安全妥当				
各限位开关安装是否合适				
工艺美观性如何				
继电器整定值是否合适				
各熔断器熔体是否符合要求				
操作面板所有按键、开关、指示灯接线是否正确				
电源相序是否正确				
电动机及线路的绝缘电阻是否符合要求				
有无清理安装现场				
控制电路的工作情况如何				
点动各电动机转向是否符合要求				
指示信号和照明灯是否完好				
工具、仪表的使用是否符合要求				
是否严格遵守安全操作规程				

4．在验收过程中，根据前面所学知识填写详细验收记录，如表 8-8 所示。

表 8-8　验收过程问题记录表

验收问题	整改措施	完成时间	备　注

5．以小组为单位认真填写 Z3050 摇臂钻床电气控制线路安装调试任务验收报告，如表 8-9 所示并将学习活动中的工作任务联系单填写完整。

表8-9 Z3050摇臂钻床电气控制线路安装与调试任务验收报告

工程项目名称				
建设单位		联系人		
地址		电话		
施工单位		联系人		
地址		电话		
项目负责人		施工周期		
工程概况				
现存问题		完成时间		
改进措施				
验收结果	主观评价	客观测试	施工质量	材料移交

四、评价

以小组为单位，展示本组安装成果。根据表8-10进行评分。

表8-10 任务测评表

评分内容		分值	评分		
			自我评分	小组评分	教师评分
故障分析	故障分析思路清晰	20			
	准确标出最小故障范围				
故障排除	用正确的方法排除故障点	50			
	检修中不扩大故障范围或产生新的故障，一旦发生，能及时自行修复				
	工具、设备无损伤				
通电调试	设备正常运转无故障	20			
	故障未排除的，及时独立发现问题并解决				
安全文明生产	遵守安全文明生产规程	10			
	施工完成后认真清理现场				
施工额定用时_______；实际用时_______；超时扣分______					
合　计					

学习活动4　工作总结与评价

学习目标

1. 能以小组形式，对学习过程和实训成果进行汇报总结。
2. 完成对学习过程的综合评价。

建议课时：4课时

学习过程

一、工作总结

以小组为单位，选择演示文稿、展板、海报、录像等形式中的一种或几种，向全班展示、汇报学习成果。

二、综合评价（见表 8-11）

表 8-11 综合评价表

<table>
<tr><th rowspan="2">评价项目</th><th rowspan="2">评价内容</th><th rowspan="2">评价标准</th><th colspan="3">评价方式</th></tr>
<tr><th>自我评价</th><th>小组评价</th><th>教师评价</th></tr>
<tr><td rowspan="3">职业素养</td><td>安全意识、责任意识</td><td>A．作风严谨、自觉遵章守纪、出色地完成工作任务
B．能够遵守规章制度、较好地完成工作任务
C．遵守规章制度、没完成工作任务，或虽完成工作任务但未严格遵守或忽视规章制度
D．不遵守规章制度，没完成工作任务</td><td></td><td></td><td></td></tr>
<tr><td>学习态度主动</td><td>A．积极参与教学活动，全勤
B．缺勤达本任务总学时的 10%
C．缺勤达本任务总学时的 20%
D．缺勤达本任务总学时的 30%</td><td></td><td></td><td></td></tr>
<tr><td>团队合作意识</td><td>A．与同学协作融洽、团队合作意识强
B．与同学沟通、协同工作能力较强
C．与同学沟通、协同工作能力一般
D．与同学沟通困难、协同工作能力较差</td><td></td><td></td><td></td></tr>
<tr><td rowspan="3">专业能力</td><td>学习活动 1 明确工作任务</td><td>A．按时、完整地完成工作页，问题回答正确，数据记录、图纸绘制准确
B．按时、完整地完成工作页，问题回答基本正确，数据记录、图纸绘制基本准确
C．未能按时完成工作页，或内容遗漏、错误较多
D．未完成工作页</td><td></td><td></td><td></td></tr>
<tr><td>学习活动 2 施工前的准备</td><td>A．学习活动评价成绩为 90～100 分
B．学习活动评价成绩为 75～89 分
C．学习活动评价成绩为 60～74 分
D．学习活动评价成绩为 0～59 分</td><td></td><td></td><td></td></tr>
<tr><td>学习活动 3 现场施工</td><td>A．学习活动评价成绩为 90～100 分
B．学习活动评价成绩为 75～89 分
C．学习活动评价成绩为 60～74 分
D．学习活动评价成绩为 0～59 分</td><td></td><td></td><td></td></tr>
<tr><td colspan="2">创新能力</td><td>学习过程中提出具有创新性、可行性的建议</td><td colspan="3">加分奖励：</td></tr>
<tr><td colspan="2">学生姓名</td><td></td><td colspan="3">综合评定等级</td></tr>
<tr><td colspan="2">指导教师</td><td></td><td colspan="3">日　期</td></tr>
</table>

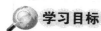

学习任务 9 Z3050型摇臂钻床电气控制线路的检修

学习目标

1. 能通过阅读设备维修任务单和现场勘查，记录故障现象，明确维修工作内容。
2. 能根据故障现象和M7120型平面磨床电气原理图，分析故障范围，查找故障点，合理制订维修工作计划。
3. 能够熟练运用常用的故障排除方法排除故障。
4. 能正确填写维修记录。

建议课时：40课时

工作场景描述

实习工厂有一型号为Z3050的摇臂钻床，因长期使用，元器件老化，电气方面经常出现故障，影响生产，工厂负责人要求在设备间歇期进行大修维护，把这任务交给维修电工班紧急检修，要求两周内修复，避免影响正常的生产。

工作流程与活动

1. 明确工作任务。
2. 施工前的准备。
3. 现场施工。
4. 工作总结与评价。

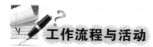

学习活动1 明确工作任务

学习目标

1. 能通过阅读设备维修任务单，明确学习工作任务内容、工时等要求。
2. 能通过现场勘查及与机床操作人员沟通，明确故障现象并做好记录。

建议课时：4课时

学习过程

一、阅读设备维修任务单

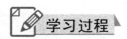

根据工作情境描述和实际情况及相关技术要求填写设备维修任务单，如表 9-1 所示。

表 9-1　设备维修任务单

编号：

<table>
<tr><th colspan="8">用户资料栏</th></tr>
<tr><td colspan="2">用户单位</td><td colspan="3">校办工厂机加工车间</td><td colspan="2">联系人</td><td></td></tr>
<tr><td colspan="2">购买日期</td><td colspan="3"></td><td colspan="2">联系电话</td><td></td></tr>
<tr><td colspan="2">产品型号</td><td colspan="3">Z3050 型摇臂钻床</td><td colspan="2">机身号</td><td></td></tr>
<tr><td colspan="2">报修日期</td><td colspan="6">年　月　日</td></tr>
<tr><td colspan="2">故障现象</td><td colspan="6"></td></tr>
<tr><td colspan="2">维修要求</td><td colspan="6"></td></tr>
<tr><th colspan="8">维修资料栏</th></tr>
<tr><td rowspan="8">维修内容</td><td>故障现象</td><td colspan="6"></td></tr>
<tr><td>维修情况</td><td colspan="6"></td></tr>
<tr><td rowspan="5">元器件更换情况</td><td>元器件编码</td><td>元器件名称</td><td>单位</td><td>数量</td><td>金额</td><td>备注</td></tr>
<tr><td></td><td></td><td></td><td></td><td></td><td></td></tr>
<tr><td></td><td></td><td></td><td></td><td></td><td></td></tr>
<tr><td></td><td></td><td></td><td></td><td></td><td></td></tr>
<tr><td></td><td></td><td></td><td></td><td></td><td></td></tr>
<tr><td>维修结果</td><td colspan="6"></td></tr>
</table>

执行部门：　　　　　　　　　　　维修员：　　　　　　　　　　签收人：

二、调查故障及勘查施工现场

通过现场勘查、咨询，填写勘查施工现场记录表，如表 9-2 所示。

表 9-2　勘查施工现场记录表

项目名称	项目内容
钻床的购买时间	
使用记录	
以前出现的故障	
维修情况	
维修时间	
本次故障现象（与操作人员交流获取信息）	
勘查时间	
勘查地点	
备注	

学习活动2　施工前的准备

学习目标

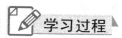

1. 能根据技术资料，分析故障原因。
2. 能合理制订设备维修工作计划。

建议课时：10课时

学习过程

一、故障分析

根据所做的故障调查内容，对故障可能产生的原因和所涉及的电路区域进行分析并做出初步判断。分析电气原理图，写出故障所在电路的区间。分析过程中，注意查阅相关资料，了解Z3050型摇臂钻床常见的故障现象、原因及检修方法。

二、制订工作计划

"Z3050型摇臂钻床电气控制线路的检修"工作计划

一、人员分工

1. 小组负责 ：____________________

2. 小组成员及分工

姓　名	分　工

二、工具及材料清单

序号	工具或材料名称	单位	数量	备注

三、工序及工期安排

序号	工作内容	完成时间	备注

四、安全防护措施

三、评价

以小组为单位，展示本组制订的工作计划。然后在教师点评基础上对工作计划进行修改完善，并根据表 9-3 的评分标准进行评分。

表 9-3　测评表

评价内容	分值	评分		
		自我评价	小组评价	教师评价
计划制订是否有条理	10			
计划是否全面、完善	10			
人员分工是否合理	10			
任务要求是否明确	20			
工具清单是否正确、完整	20			
材料清单是否正确、完整	20			
团结协作	10			
合计				

学习活动3 现场施工

学习目标

1．能采用适当的方法查找故障点并排除故障。
2．能正确使用万用表进行线路检测，完成通电试车，交付验收。
3．能正确填写维修记录。

建议课时：22课时

学习过程

一、排除线路故障

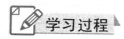

1．根据上一活动中的初步判断，采用适当的检查方法，找出故障点并排除，并填写表9-4。在排除故障过程中，严格执行安全操作规范，文明作业、安全作业。

表9-4 测试记录表

步骤	测试内容	测试结果	结论和下一步措施

二、自检、互检和试车

故障检修完毕后，进行自检、互检，经教师同意，在机床操作工或教师的辅助下通电试车。记录自检和互检的情况，如表9-5所示。

表9-5 故障检修记录表

故障范围是否正确		检查方法是否正确		是否修复故障	
自　检	互　检	自　检	互　检	自　检	互　检

三、工程验收

1．在验收阶段，各小组派出代表进行交叉验收，并填写详细验收记录，如表9-6所示。

表9-6 验收过程问题记录表

验收问题	整改措施	完成时间	备　注

2. 以小组为单位认真填写任务验收报告，如表 9-7 所示，并将学习活动 1 中的工作任务单填写完整。

表 9-7　Z3050 摇臂钻床电气控制线路安装与调试任务验收报告

工程项目名称				
建设单位		联系人		
地址		电话		
施工单位		联系人		
地址		电话		
项目负责人		施工周期		
工程概况				
现存问题		完成时间		
改进措施				
验收结果	主观评价	客观测试	施工质量	材料移交

四、其他故障分析与练习

（1）除了本任务工作情景中涉及的故障现象，实际应用中，机床还可能出现其他各式各样的故障情况。以下是 Z3050 型摇臂钻床几种典型的故障现象，查询相关资料，分析故障原因、判断故障范围、简述处理方法，如表 9-8 所示，并在教师指导下，进行实际排故训练。

表 9-8　故障分析及检修记录表

故障现象描述	故障范围	分析原因	处理方法
主轴电动机不能启动			
摇臂电动机在工作中过载			
摇臂不能上升			
摇臂不能夹紧（或液压泵电动机 M3 不能反转）			
所有电动机都不能启动			
立柱主轴箱不能放松或夹紧			
液压泵电动机 M3 运转正常，但摇臂夹不紧			
摇臂不能放松（或液压泵电动机 M3 不能正转）			
主轴电动机 M1 不能启动			

（2）故障练习完毕，进行自检和互检，根据测试内容，填写表 9-9。

表 9-9 故障分析及检修记录表

序号	故障现象	故障范围是否正确		检修方法是否正确		是否修复故障	
		自检	互检	自检	互检	自检	互检
1							
2							
3							
4							
5							
6							
7							

（3）思考一下，如果 Z3050 型摇臂钻床的立柱、主轴箱不能夹紧与放松，经查找无电气方面的故障，可判断什么类型故障？应当与哪些部门（或个人）协调？

五、评价

以小组为单位，展示本组安装成果。根据表 9-10 进行评分。

表 9-10 任务测评表

评分内容		分值	评分		
			自我评分	小组评分	教师评分
故障分析	故障分析思路清晰	20			
	准确标出最小故障范围				
故障排除	用正确的方法排除故障点	50			
	检修中不扩大故障范围或产生新的故障，一旦发生，能及时自行修复				
	工具、设备无损伤				
通电调试	设备正常运转无故障	20			
	故障未排除的，及时独立发现问题并解决				
安全文明生产	遵守安全文明生产规程	10			
	施工完成后认真清理现场				
施工额定用时______；实际用时______；超时扣分______					
合计					

学习活动 4　工作总结与评价

学习目标

1. 能以小组形式，对学习过程和实训成果进行汇报总结。
2. 完成对学习过程的综合评价。

建议课时：4 课时

学习过程

一、工作总结

以小组为单位，选择演示文稿、展板、海报、录像等形式中的一种或几种，向全班展示、汇报学习成果。

二、综合评价（见表 9-11）

表 9-11　综合评价表

评价项目	评价内容	评价标准	评价方式		
			自我评价	小组评价	教师评价
职业素养	安全意识、责任意识	A．作风严谨、自觉遵章守纪、出色地完成工作任务 B．能够遵守规章制度、较好地完成工作任务 C．遵守规章制度、没完成工作任务，或虽完成工作任务但未严格遵守或忽视规章制度 D．不遵守规章制度，没完成工作任务			
	学习态度主动	A．积极参与教学活动，全勤 B．缺勤达本任务总学时的 10% C．缺勤达本任务总学时的 20% D．缺勤达本任务总学时的 30%			
	团队合作意识	A．与同学协作融洽、团队合作意识强 B．与同学沟通、协同工作能力较强 C．与同学沟通、协同工作能力一般 D．与同学沟通困难、协同工作能力较差			
专业能力	学习活动 1 明确工作任务	A．按时、完整地完成工作页，问题回答正确，数据记录、图纸绘制准确 B．按时、完整地完成工作页，问题回答基本正确，数据记录、图纸绘制基本准确 C．未能按时完成工作页，或内容遗漏、错误较多 D．未完成工作页			
	学习活动 2 施工前的准备	A．学习活动评价成绩为 90～100 分 B．学习活动评价成绩为 75～89 分 C．学习活动评价成绩为 60～74 分 D．学习活动评价成绩为 0～59 分			

续表

	学习活动3 现场施工	A．学习活动评价成绩为90～100分 B．学习活动评价成绩为75～89分 C．学习活动评价成绩为60～74分 D．学习活动评价成绩为0～59分			
创新能力		学习过程中提出具有创新性、可行性的建议	加分奖励：		
学生姓名			综合评定等级		
指导教师			日　期		